土木建筑大类专业系列新形态教材

# 园林手绘表现技法

## （第二版）

任全伟 ▣ 编　著

清華大學出版社
北 京

# 内 容 简 介

本书将手绘表现基础融入平面、立（剖）面、透视、鸟瞰效果图中，融"教、学、做"为一体，图文并茂，实践性强。为了帮助学生对表现技法有直观的理解，书中除设置手绘实例外，还安排了多个课堂基础训练范例，并通过大量的案例图片和示范步骤，形象且直观地阐述园林手绘效果图的方法。为了避免千篇一律，本书所选效果图不拘泥于单一的绘画风格，且构图明确、笔触清晰，非常适合初学者临摹学习。

本书可作为景观设计、风景园林、园林技术、园林工程、观赏园艺、环境艺术设计、城市规划等专业的教材或教学参考资料，也可作为高等院校园林设计等专业的教材，还可作为行业爱好者的自学辅导用书。

**图书在版编目（CIP）数据**

园林手绘表现技法 / 任全伟编著 . —2 版 . —北京：清华大学出版社，2023.5（2024.1 重印）
土木建筑大类专业系列新形态教材
ISBN 978-7-302-62922-1

Ⅰ.①园⋯ Ⅱ.①任⋯ Ⅲ.①园林设计 – 绘画技法 – 高等职业教育 – 教材 Ⅳ.① TU986.2

中国国家版本馆 CIP 数据核字（2023）第 036618 号

责任编辑：杜 晓
封面设计：曹 来
责任校对：李 梅
责任印制：沈 露

出版发行：清华大学出版社
   网  址：https://www.tup.com.cn, https://www.wqxuetang.com
   地  址：北京清华大学学研大厦 A 座    邮  编：100084
   社 总 机：010-83470000      邮  购：010-62786544
   投稿与读者服务：010-62776969, c-service@tup.tsinghua.edu.cn
   质量反馈：010-62772015, zhiliang@tup.tsinghua.edu.cn
印 装 者：三河市龙大印装有限公司
经  销：全国新华书店
开  本：185mm×260mm   印  张：10.5   字  数：214 千字
版  次：2019 年 1 月第 1 版  2023 年 5 月第 2 版  印  次：2024 年 1 月第 2 次印刷
定  价：55.00 元

产品编号：099775-01

# 第二版前言

手绘是设计师的重要技能之一。手绘表现能力是园林工程专业毕业生在工作中的一项基本能力。

本书模拟实际工作场景，以培养具备一定的园林手绘表现、设计表达能力的人才为目标，以完成园林工程手绘表现图为任务，通过对工程实例的分析、讲解和实训操作，培养学生的实践技能。本书以能力培养为本位，注重理论与实践相结合，将党的二十大精神全面融入理论课程和实践课堂。本书在编写上与园林设计密切结合，着重介绍了植物形态特征的表现。透视、立面、剖面效果图在实际工作中应用较多，所以本书对透视、立面、剖面效果图进行了重点讲解。

本书文字简练，图文并茂，实例步骤细致全面，训练方法科学有效。书中采用的大部分图片来自园林企业实际项目中的效果图，尽可能切合工作实际，帮助学生锻炼动手能力和独立完成工作任务的能力，为今后就业打下坚实的基础。

本书项目 1 和项目 4 由任全伟、窦漫云编写，项目 2 和项目 3 由任全伟、许泽萍编写，项目 5 由任全伟编写，本书由北京林业大学园林学院高文漪教授和沈阳农业大学杨立新教授主审。

感谢辽宁生态工程职业学院的领导对本书的大力支持。中国美术学院李涛先生提供了部分手绘作品，沈阳汇景堂园林设计有限公司谭勇总经理提供了大量图片和资料，辽宁润泽景观设计有限公司吴雅君总经理提供了植物素材，王铎镔、李子涵、刘昕悦参与了视频制作，在此表示衷心的感谢。

由于编者水平有限，书中不足之处在所难免，望广大读者批评、指正。

任全伟
2023 年 2 月

# 目　录

**项目 1　手绘表现基础　001**

1.1　园林景观要素的表现 ....................................... 001
1.2　常用工具及表现技法 ....................................... 027

**项目 2　平面表现图的绘制　054**

2.1　平面图绘制基本要素的表现 ............................... 054
2.2　平面表现墨线图的绘制 ................................... 067
2.3　平面表现色彩图的绘制 ................................... 070

**项目 3　立（剖）面表现图的绘制　076**

3.1　立（剖）面图基本要素的表现 ............................. 076
3.2　立（剖）面表现图墨线的绘制 ............................. 082
3.3　立（剖）面表现色彩图的绘制 ............................. 085

**项目 4　透视表现图的绘制　092**

4.1　园林景观要素的表现 ..................................... 092
4.2　透视表现色彩图的绘制 ................................... 115

**项目 5　鸟瞰图的绘制　148**

5.1　园林节点鸟瞰图的表现 ................................... 148
5.2　实例赏析 ............................................... 155

**参考文献　163**

# 项目 1 手绘表现基础

## 1.1 园林景观要素的表现

【学习目标】

掌握园林景观要素的表现原理和技法，培养学生的观察力、分析力和造型能力，提高学生对园林景观的表现力。

### 1.1.1 线与形体块的表现

#### 1. 工具

训练用笔包括铅笔、钢笔、针管笔、色彩笔等。

铅笔有软、硬、粗、细之分，铅笔的画线要有深浅层次，易于修改。

钢笔有普通型钢笔、特细钢笔和美工笔。钢笔线条挺拔有力，富有弹性，其中美工笔更加灵活多变，表现时线面结合，画面效果丰富生动。

针管笔粗细型号不等，线条沉稳且挺拔，排列组织效果极佳，能对画面做深入细致的刻画。

色彩笔有彩色铅笔、马克笔、色粉笔、油画棒和蜡笔等，都能表现出丰富的色彩画面。

训练用纸有普通白纸、素描纸、马克纸、有色纸、硫酸纸、草图纸等。

#### 2. 常用线条的练习

线条本身是变化无穷的，它的变化在于线条的表现和笔的应用上。如线条的曲直可表达物体的动静，线条的虚实可表达物体的远近，线条的刚柔可表达物体的软硬，线条的疏密可表达物体的层次等。只要将线赋予"质"的属性，就能表现出对象的力感和美感。常用线条可分为直线和排线。

线条练习

（1）直线练习（图1-1-1）：运笔放松，一次一条线。

（2）排线练习（图1-1-2）：放松心情，端正坐姿，先随意画上几笔，培养画线的兴趣。

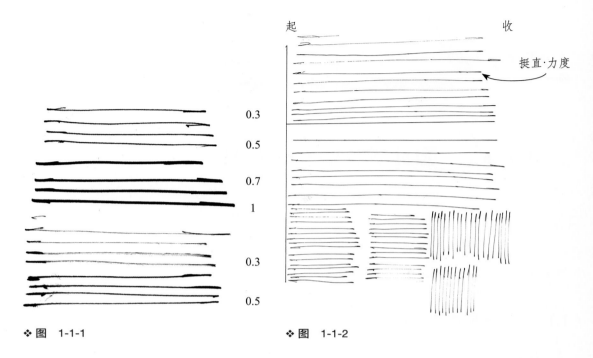

❖ 图 1-1-1　　　　　　　　　　　❖ 图 1-1-2

　　线条依靠一定的组织、排列，通过长短、粗细、疏密等来表现景物，在初学时应讲究流畅性和对称性。用水平线、垂直线和斜线等不同线条表达准确性，成图，并具有可欣赏性（图 1-1-3）。

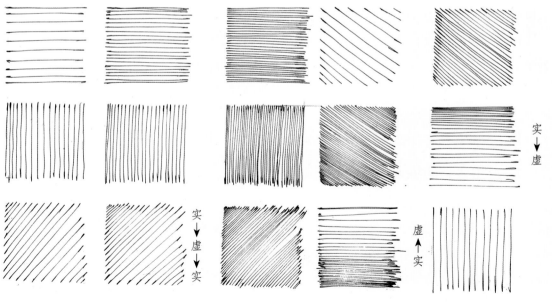

❖ 图　1-1-3

### 3. 线条变化练习

线条变化包括虚实、轻重、快慢等关系，要把线条画出美感、有气势、有生命力，需要进行大量练习。

（1）"Z"字直线练习（图 1-1-4）：运笔、收笔要有快慢、轻重的变化。

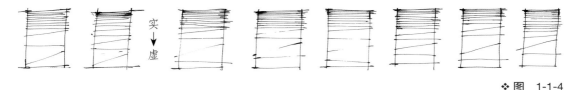

❖ 图 1-1-4

（2）"N"字竖线练习：要把竖线画得有劲、有力、刚柔结合，垂直线、斜线并用（图 1-1-5）。

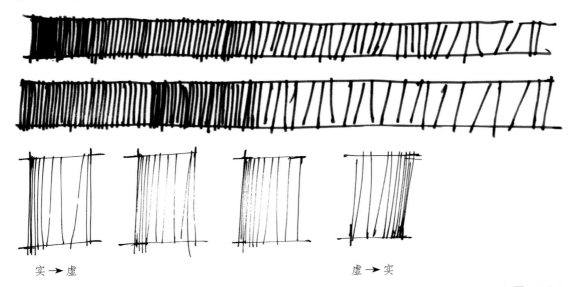

实 → 虚                    虚 → 实

❖ 图 1-1-5

（3）投影排线变化练习。投影排线常用三种形式：①虚→实；②虚→实→虚；③实→虚（图 1-1-6）。

❖ 图 1-1-6

（4）排线的深入练习：见图 1-1-7。

（5）肌理练习：多收集有关园林材质的资料，进行大量的临摹，用线的排列表现这些物体的黑白质感关系，在其基础上进行细节处理，见图 1-1-8。

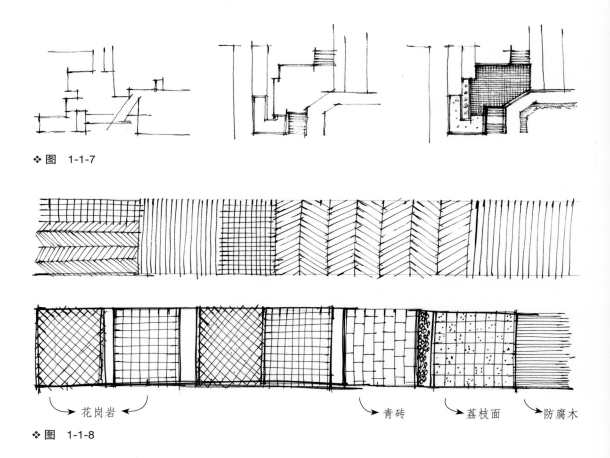

❖ 图　1-1-7

↗花岗岩↖　　↗青砖　↗荔枝面　↗防腐木

❖ 图　1-1-8

以上五种练习可以为快速表现园林场景打下坚实的造型基础。

## 4. 体块练习

体块是一切物体的根本，也是园林手绘的基础。体块练习是练习空间想象力最好的方法，要注意体块的穿插、遮挡、结构等。

在手绘表现中，明暗关系不会画得特别详细，自定光源，不受环境光影响，亮部、灰部不排线，利用暗部投影的排线来呈现光影关系（图 1-1-9）。

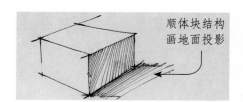

顺体块结构
画地面投影

❖ 图　1-1-9

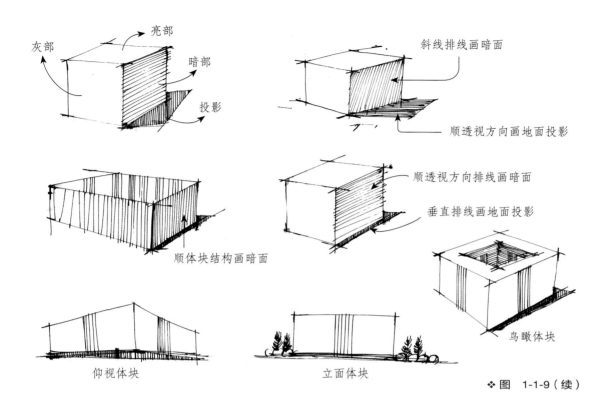

灰部　亮部　暗部　投影

斜线排线画暗面

顺透视方向画地面投影

顺体块结构画暗面

顺透视方向排线画暗面

垂直排线画地面投影

鸟瞰体块

仰视体块　立面体块

❖ 图　1-1-9（续）

## 1.1.2　植物的表现方法

### 1. 乔木的表现方法及形态特征

1）乔木的表现方法

画乔木时先抓住植物轮廓，画大动势，再刻画明暗关系。通常用几何图形的方式来分析树的形态结构，将一棵形态复杂的树控制在一个最简便、最清晰、最能表现其外部轮廓的几何图形中，形成独特的几何形态，这样便于对树种的描绘，如云杉近似于圆锥体。采用几何分析法，抓住树木的几何形态，就抓住了不同树种的相貌特征（图 1-1-10）。

树木在园林表现图中主要起着烘托气氛、丰富构图的作用。

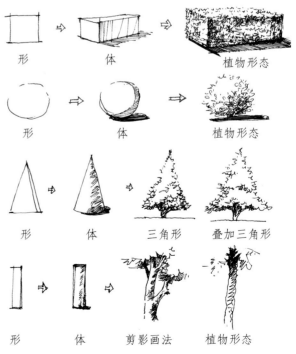

形　体　植物形态

形　体　植物形态

形　体　三角形　叠加三角形

形　体　剪影画法　植物形态

❖ 图　1-1-10

（1）树干的画法。树干呈放射状生长，有挺直、有弯曲、有左右延伸；而树枝有大小和前后的相互穿插，可用圆柱来表现。要学会归纳树的枝干交错表现方法（图 1-1-11）。

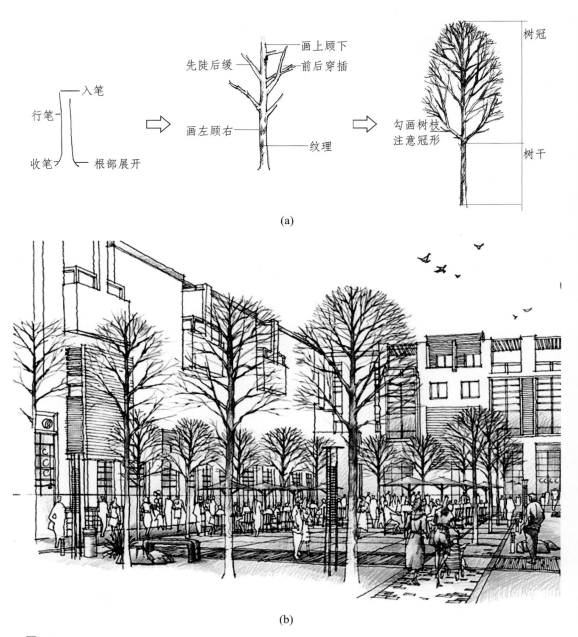

(a)

(b)

❖ 图 1-1-11

树的生长是由主干向外伸展，清楚地表现枝、干、根各自转折关系。树干与树冠接触的地方，树干有投影，同时在排线时要体现树干的结构（图 1-1-12）。

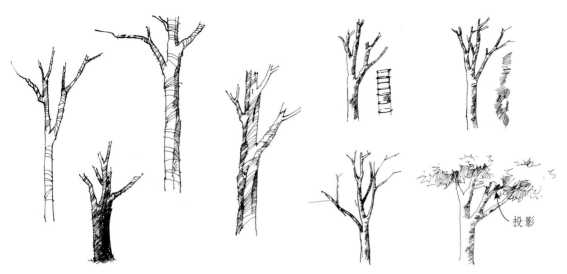

投影

❖ 图 1-1-12

画枝干时注意上下多曲折，运笔适当地停顿，树枝从下往上慢慢变细（图 1-1-13）。

（2）树冠的画法。要表现树冠，先要清
楚树冠的特征。树冠有阔叶和针叶之分。表
现树冠的特征应重点刻画外形边缘、明暗交
界处及前景受光部的叶子；找出表象特征和
形状、结构、比例和透视等关系。远树取势，
近树取形，从特征入手，控制大形，并把握
细节特征（图 1-1-14）。

❖ 图 1-1-13

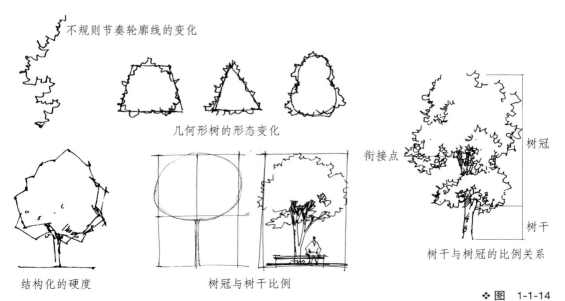

不规则节奏轮廓线的变化

几何形树的形态变化

结构化的硬度

树冠与树干比例

衔接点

树冠

树干

树干与树冠的比例关系

❖ 图 1-1-14

需要注意的是，画树首先要把握树带给我们的外形感受。另外，树的圆形特点都是通过逆光剪影的方式获得的。只要找准对象的轮廓特征，就可以发现剪影内部的结构、比例、姿态等关系。如果有一个细节的表现失去外形控制，就会丧失其描述性，因此树的外形表现可以将对象表现得很生动。

在表现乔木树冠时，要大胆、夸张、随意，围绕整个树的轮廓进行运笔，要有轻重缓急、虚实变化（图 1-1-15）。

树冠画线的好坏直接影响整体的感觉，落笔要做到心中有数，用笔用线要果断，注意树冠前后层次和疏密关系，运线要刚柔并济，下面介绍几种植物线。

乔、灌木
线稿画法

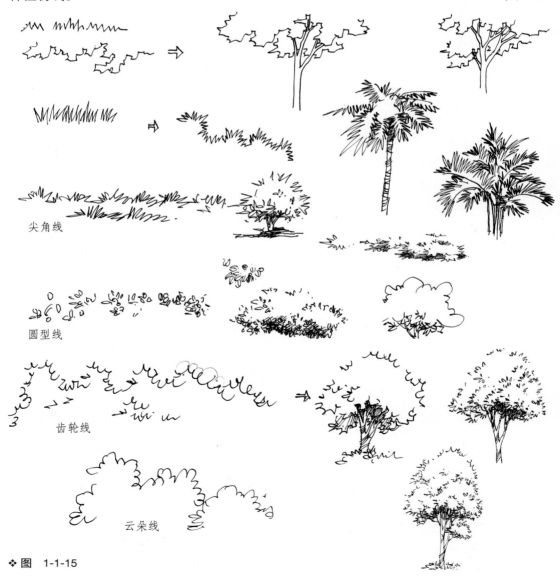

❖ 图 1-1-15

❖图 1-1-15（续）

2）针叶乔木的表现方法及形态特征

（1）塔状圆锥形（图 1-1-16），代表树种：雪松、金钱松、冷杉等。雪松树冠幼年为圆锥形，姿态优美，树干挺直，老枝铺散，小枝梢下垂，主要用作庭荫树、风景林。金钱松树冠为塔状圆锥形，叶态秀丽，秋叶金黄，主要用作庭荫树、行道树。

❖ 图　1-1-16

（2）广圆锥形（图 1-1-17），代表树种有云杉、柳杉、柏树。云杉叶灰绿色，主要用作园景树和风景树；柳杉树姿优美，绿叶婆娑，主要用作庭荫树；柏树枝叶浓密，树姿优美，主要用作庭植观赏。

❖ 图　1-1-17

3）阔叶乔木的表现方法及形态特征

（1）圆柱形（图 1-1-18），代表树种有新疆杨、箭杆杨等。新疆杨树冠为圆柱形，树干为白色，主要用作风景树、行道树、防护林；箭杆杨树冠为窄圆柱形，主要用作风景林、行道林、庭荫林、防护林。

（2）圆球形（图 1-1-19），代表树种包括榔榆、元宝枫、国槐、栾树等。榔榆树形及姿态优美，树冠为圆球形，用作庭荫树、行道树、观赏树、盆景；元宝枫树形为圆球形，花为黄绿色，春季开花，叶形秀丽，秋叶为黄色或红色，主要用作庭荫树、行道树、风景林；国槐枝叶茂密，树冠为球形，花期 7 月和 8 月，主要用作庭荫树、行道树；栾树花为金黄色，花期 6—8 月，果为橘红色，9 月秋叶为橙黄色，主要用作庭荫树、行道树。

❖ 图　1-1-18

❖ 图　1-1-19

（3）卵圆形（图1-1-20），代表树种为悬铃木等。悬铃木冠大荫浓，主要用作庭荫树、行道树。

❖ 图　1-1-20

（4）垂枝形（图1-1-21），代表树种为垂柳等。垂柳枝细长下垂，主要用作行道树、风景树、庭荫树。

（5）广卵圆形（图1-1-22），代表树种为老年银杏、鸡爪槭等。老年银杏树干端直高大，树姿优美，叶形美观，秋季变黄，主要用作庭荫树、行道树；鸡爪槭树姿优美，叶形秀丽，秋叶红艳，主要用作庭荫树。

❖ 图 1-1-21

❖ 图 1-1-22

（6）椭球形（图 1-1-23），代表树种：鹅掌楸、刺槐、小叶白蜡等。鹅掌楸叶形似马褂，花为黄绿色，花大且美丽，花期 4—6 月，主要用作庭荫树、行道树；刺槐花为白色，有香气，花期 5 月，主要用作庭荫树、行道树、防护林、蜜源植物；小叶白蜡树秋叶为黄色，主要用作庭荫树、行道树、堤岸树等。

❖ 图 1-1-23

（7）半球形（图 1-1-24），代表树种：梓树、龙爪槐等。梓树树冠为半球形，叶大荫浓，花为淡黄色，花期 5 月、6 月，主要用作庭荫树、行道树、防护林；龙爪槐树冠为伞形，枝下垂，花黄白，主要用作庭植。

❖ 图　1-1-24

（8）长圆球形（图1-1-25），代表树种有西府海棠、紫叶李、山桃、丝棉木等。西府海棠树姿俏丽，花为粉红色，花期4月、5月、8月、9月果熟，主要用作庭院观赏；紫叶李叶为紫红色，花为淡粉红色，花期3月、4月，主要用作庭院观赏、丛植；山桃早春叶前开花，花为粉白色，树皮为暗紫色有光泽，主要用作早春观花灌木；丝棉木小枝细长，绿色，枝叶秀丽，花盘肥大，蒴果为粉红色，秋季成熟，主要用作庭荫树、水边绿化。

❖ 图　1-1-25

（9）凤尾竹（图1-1-26），秆丛生，枝叶细密秀丽，主要用作庭园观赏、绿篱。

（10）棕榈树（图1-1-27）在景观中是常见的植物，表达时可分为概括和精细两种。概括是指画大的轮廓，精细是指沿着叶脉的方向，近于垂直叶脉去画，叶子的叶脉从树干方向四周生长，注意疏密度及层次搭配，画后面的叶脉时要注意遮挡和分量上的平衡，树干不宜过直。

## 2. 灌木的表现方法及形态特征

1）灌木的表现方法

表现灌木先从体态形象入手，用自由弯曲的线画暗部，增加密度，灌木高度一般在一米左右（图1-1-28）。

❖ 图　1-1-26

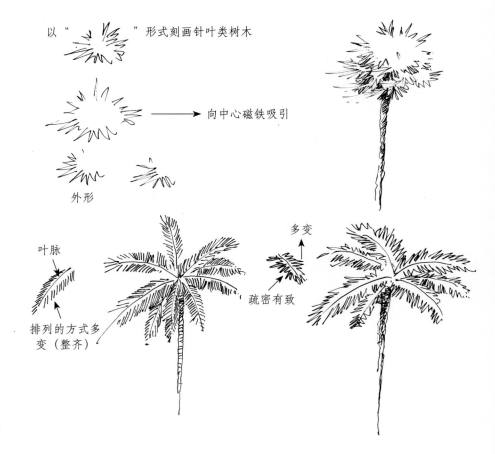

以 " " 形式刻画针叶类树木

向中心磁铁吸引

外形

叶脉

排列的方式多变（整齐）

多变

疏密有致

❖ 图 1-1-27

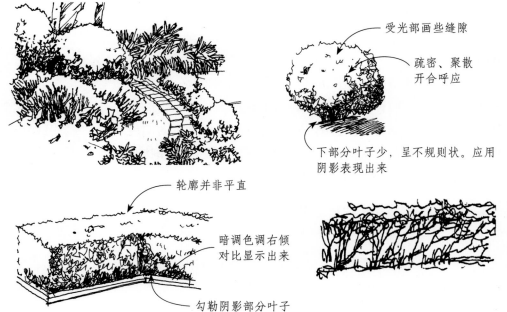

受光部画些缝隙

疏密、聚散开合呼应

下部分叶子少，呈不规则状。应用阴影表现出来

轮廓并非平直

暗调色调右倾对比显示出来

勾勒阴影部分叶子

❖ 图 1-1-28

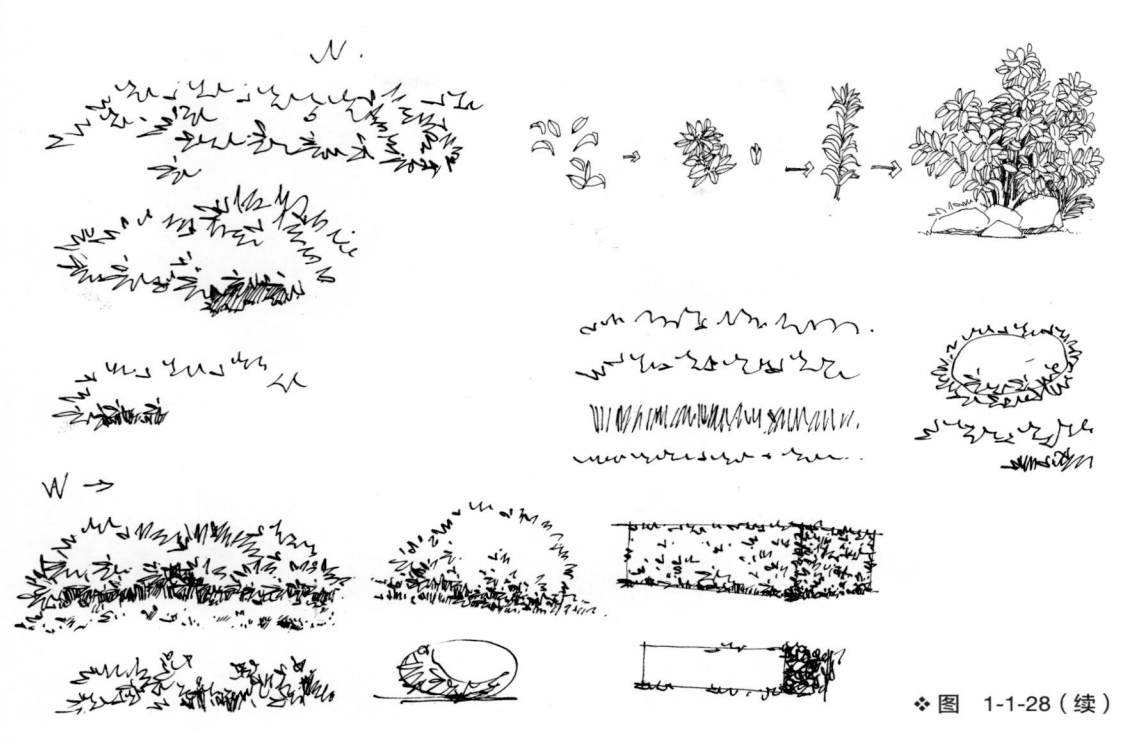

❖图　1-1-28（续）

2）灌木的树形及表现特征

（1）圆球形（图1-1-29），代表树种有太平花、榆叶梅、珍珠梅、黄刺玫、棣棠、金银木等。太平花花为白色，花期5月、6月，主要用作庭院观赏、丛植、花篱；榆叶梅花为粉红色，单瓣或重瓣，密集于枝条，先叶开放，花期4月，主要用作庭院观赏、丛植、列植；珍珠梅花小且密，白色，花期6—8月，主要用作庭院观赏、丛植；黄刺玫花为黄色，花期4月、5月，果为红色，主要用作庭院观赏、丛植、花篱。

❖图　1-1-29

（2）长圆形（图1-1-30），代表树种为木槿等。木槿花为淡紫色、白色、粉红色，花期7—9月，主要用作丛植、花篱、庭植观赏。

（3）半球形（图1-1-31），代表树种有紫叶小檗、柳叶绣线菊、玫瑰等。紫叶小檗叶常年为紫红色，秋果为红色，主要用作庭院观赏；柳叶绣线菊花为粉红色，花期6—8月，主要用作庭院观赏；玫瑰花为紫红色，花期5月、6月，芳香，主要用作庭院观赏、丛植、花篱。

❖ 图　1-1-30

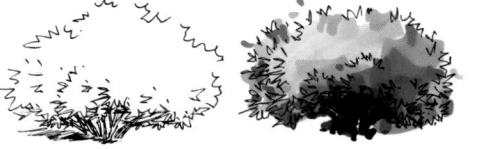

❖ 图　1-1-31

（4）匍匐形（图 1-1-32），代表树种有沙地柏等。沙地柏为匍匐状灌木，枝斜上，用作地被。

❖ 图　1-1-32

### 3. 藤本的表现方法

藤本可用自由活泼的线条来表现（图 1-1-33）。

### 4. 花草的表现方法

花草根据其生长规律，大致可分为直立型、丛生型、攀缘型等几种，表现时应注意大的轮廓以及边缘处理，可若隐若现，边缘处理不可太呆板（图 1-1-34）。

用轮廓法表现花草的厚度，对整体处理可使画面统一。花草作为前景时，在边缘、明暗交界处需要细致地刻画，让画面有精彩之处（图 1-1-35）。盆栽中景可概括处理，前景细致刻画，以光影画法最佳。

花草的平视俯视或仰视的关系

俯视图

平视图

注意：植物的明暗关系，也可以用"W"线来表示。

水墨刻画的凹凸线

藤蔓的受光部分

扶壁植物藤蔓花卉在长廊上面的变化

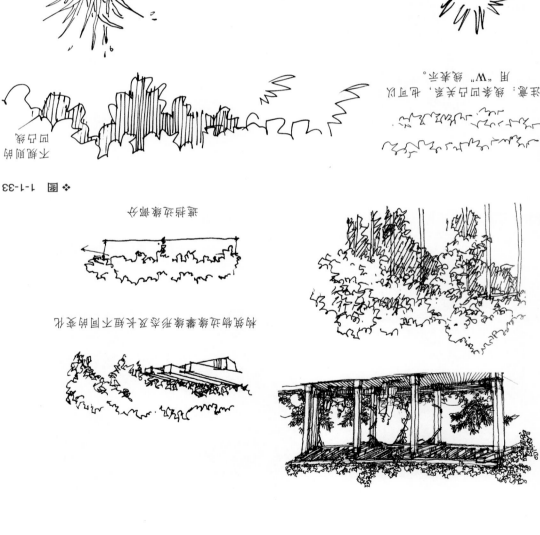

❖ 图 1-1-35

### 5. 冬态树的表现方法

没有叶片的植物在刻画时应描绘出每个细枝的走向，做到繁而不乱，多而不杂，苍劲有力（图 1-1-36）。

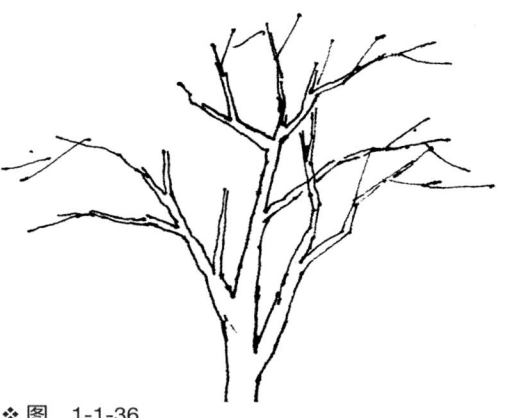

❖ 图 1-1-36

### 6. 阳光感植物的表现方法

园林景观常常表现在阳光明媚的环境中，在强光下物体反差较大，立体感较强。这种表现方法需注意受光与背光的关系，投影也是表现的一部分（图 1-1-37）。

### 7. 成组植物的表现方法

画成组的树要做到乱中求整，繁中求简，突出主体的树。有时为了突出中景的树，需要减弱并淡化近景和远景树的层次，并在图纸上表现自然界中树木的近、中、远三度空间的透视变化，进行虚实处理，这是表现空间感的一种方式。成组植物的描绘应根据近、中、远层次的变化来决定描绘的详略程度（图 1-1-38）。

❖ 图 1-1-37

❖ 图 1-1-38

## 1.1.3 景石、水及人物的表现方法

### 1. 景石的表现方法

景石是景观中最常见的景观元素，景石的形态多样，在表达时可以根据景石的形态详细刻画，石分三面，画石要表现出体积和块面，要突出石块的凹凸、明暗、层次、高低

与厚薄关系。暗部的排列方式应与石块的纹理、明暗关系一致，注意表现山石的体积关系（图 1-1-39 ）。

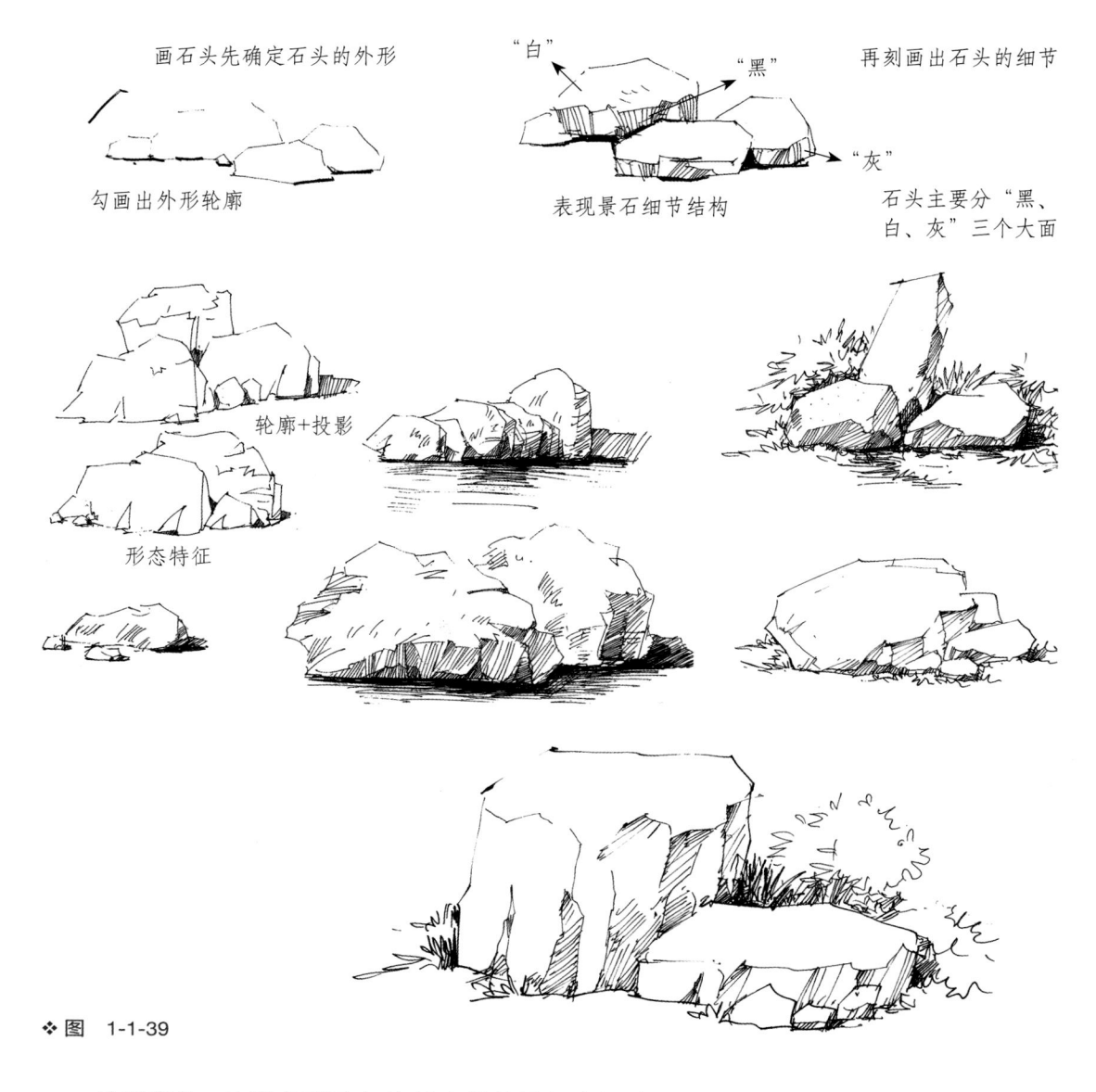

❖ 图 1-1-39

　　景石着色：从浅色到重色笔触次数的叠加会影响画面的表达效果。景石的马克笔笔触也要按照透视变化来画，笔触要明显。注意体块和体块之间的光影关系和投影的变化（图 1-1-40 ）。

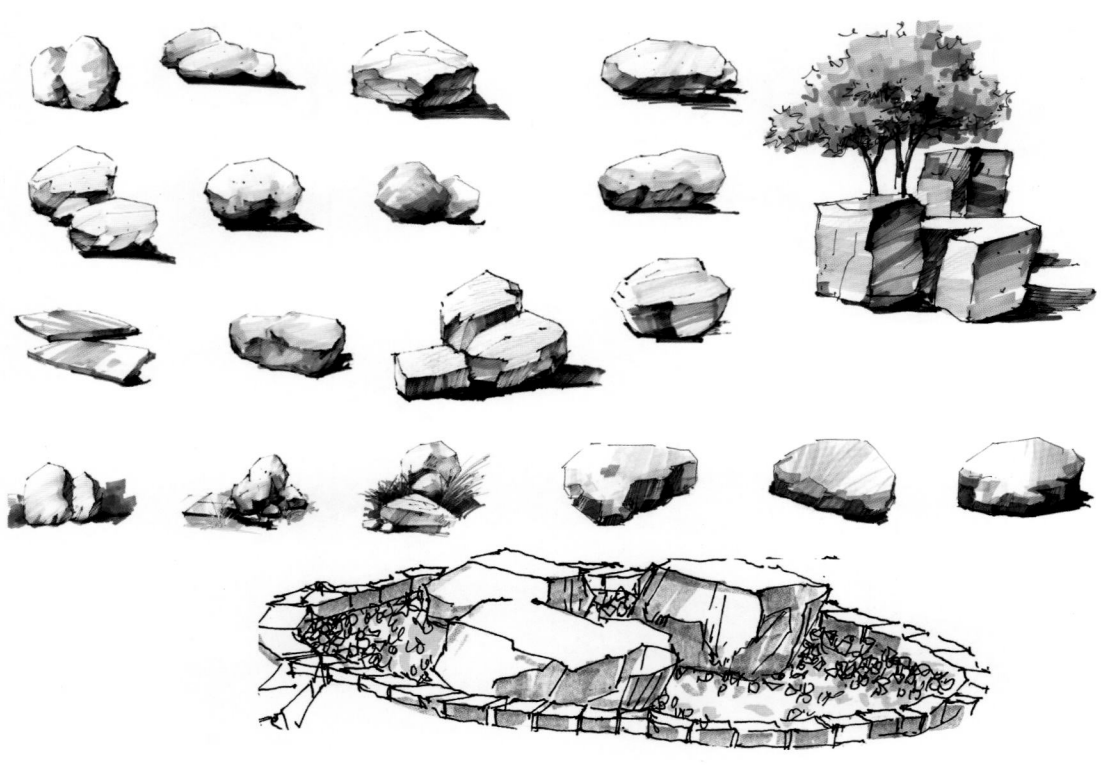

❖ 图　1-1-40

## 2. 水的表现方法

水在空间的处理一般以留白为主，以曲线表示周围景物的倒影（图 1-1-41 和图 1-1-42）。

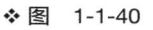

❖ 图　1-1-41

静水注意处理水面倒影与周边实景关系的方法（图 1-1-43 ~ 图 1-1-47）。

❖ 图　1-1-42

❖ 图　1-1-43

❖ 图　1-1-44

❖ 图　1-1-45

❖ 图 1-1-46

❖ 图 1-1-47

注意观察喷泉的留白处理及整体色彩效果（图 1-1-48 和图 1-1-49）。

❖ 图 1-1-48          ❖ 图 1-1-49

注意观察叠水的水势及其周边的环境处理（图 1-1-50 ～ 图 1-1-52）。

❖ 图　1-1-50

❖ 图　1-1-51

❖ 图 1-1-52

水景在透视图中除了基本的明暗虚实变化之外, 还要强化前后景的色彩冷暖变化关系。

## 3. 人物的表现方法

以人物的大小比例推敲建筑环境的大小。人在运动时, 头、胸、臀等部位形体通常不变, 而是通过颈、腰的动作引起相应位置的变化, 从而使人物的头、胸、臀的形体发生了相应的透视变化。

以人物的活动来表达环境或建筑的性质与功能。透视图中通过人物的活动情景来说明设计意图, 通过描绘人物情景来表达设计者想要创造的理想境地, 如清幽庭院、商业街、休闲娱乐公共空间等 (图 1-1-53 ~ 图 1-1-55)。

❖ 图 1-1-53                    ❖ 图 1-1-54

❖ 图　1-1-55

　　男性胸宽臀小，显得有棱角；女性相反，较圆润，臀大胸窄。男性臀平且宽，腰部不可画得太高太细；女性则全身稍修长，腰高且细，身材稍有些弧度。

　　透视图常把人画为 8 倍头高，注重比例效果及"向后式"，人物形态可以放松随意，通常程式化地表达。

　　着衣人物实线与虚线的处理：伴随着人的动作，衣物有贴身和不贴身之分。贴身部分称为"实"，不贴身部分称为"虚"。实的部分能体现出人物的体态，所以必须准确、肯定（图 1-1-56）。

### 知识拓展

　　（1）清幽庭院的人物不宜多，一般两三个人就够了，人物姿态以静态为主，观景或散步的人物宜布置在近景或远景。

　　（2）商业街要表现出繁华的景象，所以人应该多一些，人物组合应做到合理、生动、集中、美观、有静有动、有聚有散。

　　（3）休闲、娱乐公共空间要表现出愉快、闹中有静的氛围，人物不宜太多，以家庭、儿童的娱乐、游戏为情景，人物以中景为主。

❖ 图　1-1-56

# 1.2　常用工具及表现技法

【学习目标】

了解色彩基础知识，熟悉色彩配色技巧，掌握各种工具的着色技法，熟练运用色彩表现各种园林要素。

## 1.2.1　色彩

### 1. 色彩的三要素

色彩的三要素指色相、明度和纯度。

色相即色彩的相貌，如红、绿、橘黄、玫瑰红、草绿、湖蓝等。

由于光的照射，物体产生明暗，色彩产生层次。色彩的明暗深浅变化即明度。

一种颜色从浅到深有许多层次，如浅绿、中绿、深绿等，中间有显著的明度差别，浅绿明度较高，深绿明度较低。不同色相各色之间也有不同程度的明度差异，如黄色比蓝色明度高。

纯度也称"饱和度"，即色彩的鲜艳程度。

## 2. 色彩的混合

学习手绘设计表现图，必然会遇到如何调色的问题。初学者大多会将颜料直接涂在画面上，用色很生硬。颜料应该经过调配得到绘画者需要的丰富的色彩，这就需要懂得和掌握颜色混合的规律与特点。

原色是调配其他颜色最基本的颜色，用其他颜色无法调出来。原色有 3 个，即红、黄、蓝。用三原色可以混合出其他任何颜色（图 1-2-1）。

用三原色中任何两色作等量混合所产生的新色即为间色。红 + 黄 = 橙，蓝 + 黄 = 绿，红 + 蓝 = 紫。橙、绿、紫三色就是标准的间色（图 1-2-2）。

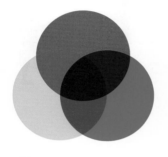

❖ 图　1-2-1

❖ 图　1-2-2

任何两种间色相混合所得的颜色称复色，也称"再间色"。

由于混合比例的变化和色彩明暗深浅的变化，使复色的变化繁多。

## 3. 色彩的冷暖

1）色彩的冷暖倾向

在色彩关系中，所有色彩都带有或冷或暖的倾向。在色环中，从蓝色到紫色的颜色为冷色，从红色到黄色的颜色为暖色。

色彩的冷与暖是相对而言的。在色彩配合中，由于比较的关系，冷色有时也会给人温暖的感觉，暖色也会让人感觉冰冷。要训练自己能敏锐地识别复杂且微妙的色彩冷暖的倾向（图 1-2-3）。

❖ 图　1-2-3

2）冷暖色的感情作用

冷暖色除给人冷与暖的感觉外，冷色有镇静、退后和湿润之感，暖色有跳出、抢前、兴奋、热烈和干燥之感。根据冷暖色的感情作用，某些室内的陈设大都以冷色为基调；儿童玩具和喜庆节日则多采用暖色调。园林景观表现中远处多用冷色，近处多用暖色，以加强空间感的表现（图 1-2-4）。

❖ 图　1-2-4

**知识拓展**

> 大红是暖色，但与朱红相比就产生冷的倾向，如与青莲相比，则又为暖色。群青与普蓝皆属冷色，但二者相比较前者为暖，后者为冷。复杂的灰色都有冷暖倾向。

## 4. 补色

在黄色纸上写标语，由于黄色的刺激，黑字看来倾向紫色。我们观察红纸上的黑字时，会感到黑字趋向绿色，这就是补色现象。如将一个灰色片置于一个面积大于它的红色块当中，灰色片会带有一定的绿色倾向。显然，我们的眼睛看了红色之后看绿色，红色与深浅适度的绿色配合会使眼睛更舒服。

## 5. 色彩的对比与调和

优美的自然色彩充满着对比与调和的辩证统一关系。色彩的配合，既要注意对比又要注意调和。成功的手绘设计表现图总是在某些部分存在着对比，而总体上又是调和统一的。在色彩运用上，没有绝对的对比，也没有绝对的调和，而是在对比之中求调和，调和之中有对比。

色彩对比有"连续对比"和"同时对比"之分，这里要讲述的是同时对比。运用色彩对比是绘画艺术的一种重要手法。两色并置产生对比关系，减弱了互相类似的部分，增强了不同的部分。利用对比提高或降低色彩的纯度、明度，把原来的颜色改变得比较暖或比较冷，以扩大色彩的表现范围。灵活恰当地运用色彩对比，突出主要部分，减弱次要部分，可达到用色少而色彩丰富的艺术效果。但乱用对比，不抓主要矛盾，不分主次强弱，则会显得喧宾夺主、杂乱无章。

1）同种色的对比

同种色的对比即同种色相不同明度的对比。这样的两色并列，邻接的边缘明者更明，暗者更暗。如果是平涂的色块，还会显示出自衔接的边缘分别向各自一方形成色彩明度渐变的效果（图 1-2-5）。

❖ 图　1-2-5

2）类似色的对比

类似色的对比即含有共同色素的颜色之间的对比。类似色对比会使共同色素减弱而趋向明度对比效果，色彩不如原来鲜明，但调和统一（图 1-2-6）。

❖ 图　1-2-6

3）补色的对比

补色的对比效果鲜明强烈，但如配置不善，则会流于鄙俗。如红与绿，两色相对，红的更红，绿的更绿，如果调配不当，人们往往会指责"大红大绿"过于刺激。所以补色对比应该在色彩的分量、纯度、明度等方面进行适当的变化，使其在对比中令人感到和谐自然（图 1-2-7）。

❖ 图　1-2-7

4）冷暖色的对比

通过对比，冷色更显冷，暖色更显暖。运用冷暖色对比，两色要有主有从，并以明度、纯度的不同加以调节（图 1-2-8）。

5）明度的对比

在浅色背景前摆放石膏像，靠近石膏像边缘的背景色彩显得暗，靠近石膏像暗部的背景色则显得亮些，这就是明度对比的效果。将明色与暗色、深色与浅色并置，可以使明色更明，暗色更暗，深的更深，浅的更浅。在手绘设计表现图中，为突出主体及造成画面鲜明生动的色彩层次和环境气氛，色彩的明度对比被广为运用（图1-2-9）。

❖ 图　1-2-8

❖ 图　1-2-9

6）纯度的对比

鲜艳的色彩同灰的色彩的对比，即是纯度对比，通过此种对比更能加强鲜明色的纯度。色彩柔和沉着的画面，局部使用鲜明色活跃气氛；鲜明色为主的画面，使用小面积的灰性色，使鲜明色更鲜明，画面更明亮（图1-2-10）。

❖ 图　1-2-10

7）色量的对比

用色面积要有大小主次，"万绿丛中一点红"即是色量对比的一个配色实例，"万绿"与"点红"的色量对比，冲缓了红与绿刺激性的对比。在大片的涂色中，用小面积的浅色或空白，在统一色调中采用小面积的对比，面积小的色彩更引人注目，有画龙点睛之妙（图1-2-11）。

❖ 图 1-2-11

8）调和

任何手绘设计表现图都应该求得调和。调和是指两种以上的颜色配合，在一个基调下统一起来，给人以和谐优美的感觉。

类似色的配合很容易取得调和，对比色彩的配合，力求在明度、纯度及色量等方面做适当控制，以避免画面色彩过于刺激而难以取得调和。如红与绿的配合在一般情况下是很难取得调和的，但红花绿叶却很好看，大自然中的红花绿叶鲜艳而又调和，因为它处于一定的空间环境之中，其纯度、明度、色量、距离等诸多客观因素使之在整体色彩上较固有色变得含蓄自然，在花与花、花与叶、叶与叶之间总有纯度低的颜色起过渡作用，或是阴影，或是空隙，或是光源与环境的影响等，都起着统一调和的作用。

对于装饰性的绘画，人们常常使用黑、白、灰、金、银等色作为过渡色，以使对比色得到调和的效果。

## 6. 色调

由于光线、空气和环境等影响，各种物象颜色的组合能产生既有变化又和谐统一的色彩综合。所谓色调，即是色彩冷暖、明暗、强弱等因素的综合表现。

色调即色彩的调子。"调子"一词借自音乐。音乐以高低、强弱、节奏和旋律组成曲调。色调也以色彩的种种综合表现形成所谓冷调、暖调、灰调、明调、暗调、红调、紫调等，或鲜艳明快，或淡雅沉着，或庄重肃穆。色彩可以说是无声的音调。

## 1.2.2　马克笔

### 1. 马克笔的种类

马克笔分为油性和水性两种（图1-2-12）。油性马克笔以甲苯、二甲苯为溶剂，色彩稳定、透明，作画效果较好；水性马克笔不宜重叠画，颜色多次覆盖以后会变灰，还容易伤纸。

（a）油性马克笔

（b）水性马克笔

❖图　1-2-12

### 2. 马克笔的使用要领

在马克笔笔触的表达中，直线运笔是最难把握的，要注意起笔和收笔力度轻且均匀，下笔要果断（图1-2-13），才不致出现蛇形线（图1-2-14）。马克笔的笔头要完全接触到纸面上，这样线条才会平稳、流畅。如果要表现一些笔触变化，丰富画面的层次和效果，就一定要等第一遍干后再画第二遍，否则颜色会溶在一起，画面会变"脏"。色阶过渡，会使画面透气、和谐自然（图1-2-15和图1-2-16）。

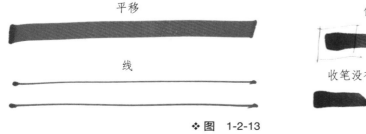

平移

线

❖图　1-2-13

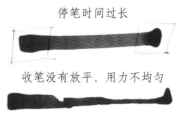

停笔时间过长

收笔没有放平，用力不均匀

❖图　1-2-14

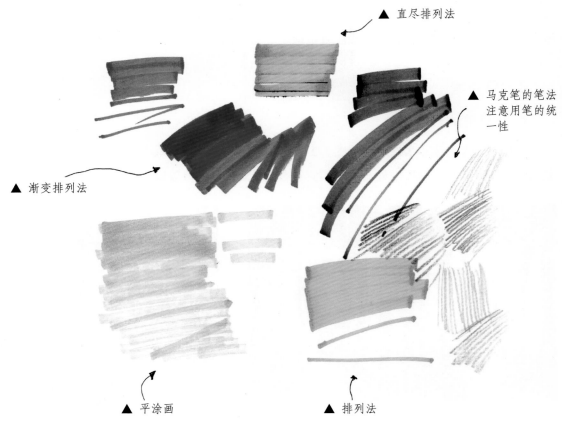

▲ 直尽排列法

▲ 马克笔的笔法
注意用笔的统
一性

▲ 渐变排列法

▲ 平涂画

▲ 排列法

❖ 图　1-2-15

❖ 图　1-2-16

1）单行摆笔的用笔方法

通过笔触摆笔可以熟练掌握用色技巧，利用宽头整齐排线、逐渐过渡、用宽头侧峰或者细头画细线。运笔要一气呵成，流畅连贯（图 1-2-17）。

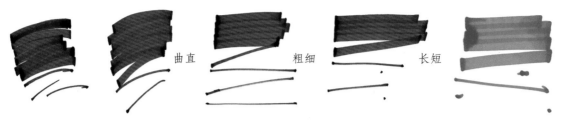

❖ 图 1-2-17

2）扫笔练习方法

扫笔可以一笔画出过渡，画出深浅，在表现园林硬质景观过程中，表现暗部过渡、边界过渡都用此方法，扫笔运笔要快，起笔较重（图1-2-18）。

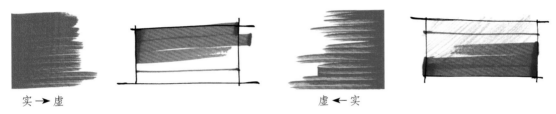

实 → 虚　　　　　　　　　　虚 ← 实

❖ 图 1-2-18

3）渐变练习方法

通过马克笔的横向与竖向排线、叠加摆笔，用接近的颜色叠加过渡，可以产生虚实变化，使画面透气、生动（图1-2-19）。

4）叠加摆笔的不同叠加形式练习

"Z"字形摆笔叠加：通过马克笔横向排线，用宽笔画出"Z"字形线条，要快、直、稳（图1-2-20）。

❖ 图 1-2-19

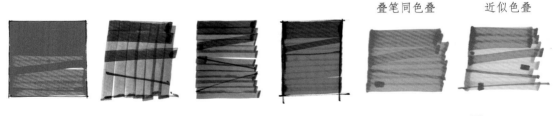

叠笔同色叠　　近似色叠

❖ 图 1-2-20

竖向笔触常用于表现木材、石材地面及玻璃等水平面的反光、倒影。

"N"字形摆笔叠加：通过马克笔竖向排线，做"N"字渐变叠加，可产生虚实变化，使画面透气生动（图1-2-21）。

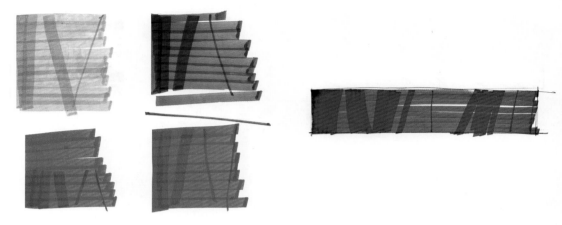

❖ 图 1-2-21

5）斜推笔触练习方法

绘制一些不规则多边角的形状，绘制时要注意边角尽量与马克笔的笔画平行，避免边缘出现锯齿，影响画面效果（图 1-2-22）。

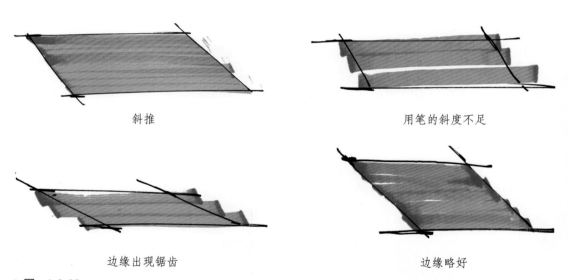

斜推　　　　　　　　　　　　　　　用笔的斜度不足

边缘出现锯齿　　　　　　　　　　　边缘略好

❖ 图 1-2-22

6）单体上色

单体上色其实很简单，不需要太多笔墨；明暗的对比可以只靠一支笔来区分，受光面基本可以留白，也可以很清淡地扫一层颜色；暗面可以多画两笔来产生对比。面大的暗部也可以用一些适当的变化来丰富画面。用笔在画面中停留时间的长短等方式来产生变化，最后的结构和明暗转折线部分可以强调一下，使物体更加清晰明朗（图 1-2-23）。

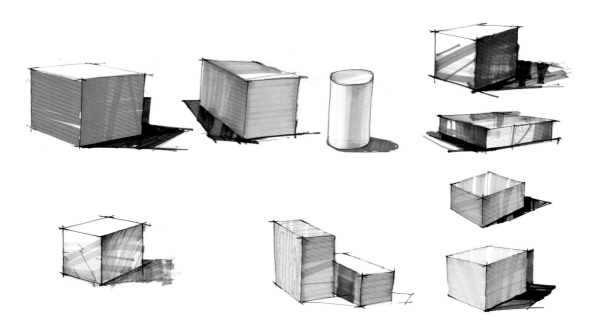

❖ 图  1-2-23

### 3. 马克笔的应用特点

马克笔是一种较现代的绘图工具，具有使用和携带方便、作画速度快、色彩透明鲜艳等特点，还可以对局部进行深入细致的刻画，形成表现力极为丰富的效果。马克笔虽然也能画出较完整的作品，但更多地用于快速表现图、多种方案比较及现场出图等（图 1-2-24）。

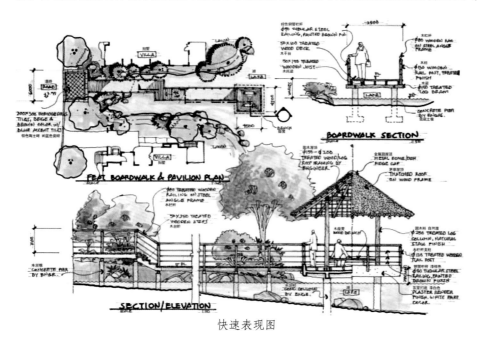

快速表现图

❖ 图  1-2-24

马克笔+透明色+水彩

❖ 图 1-2-24（续） 马克笔单独使用

## 知识拓展

（1）马克笔笔触排列要均匀、快速，用力一致，不要重叠。所表现的物体内容不同，用笔也不同，注意灵活运用。

（2）用笔要放松自如，快速，不要停顿，注意粗细变化。单色渐变可产生虚实变化，使画面更活泼。

（3）在用马克笔画物体的暗部时，留点笔触，然后用彩色铅笔过渡调子，使物体的体积感更加丰富。

### 4. 灌木、乔木上色方法

1）灌木与花草的表现

灌木与花草的表现可以灵活运用色彩原理，可自由发挥创造。上色时亮部颜色可丰富靓丽些，暗部颜色要厚重。着色时先用紫色系或绿色系的马克笔将图中基本的明暗调子画出来。在运笔过程中，用笔的遍数不宜过多。在第一遍颜色干透后，再进行第二遍上色，而且要准确、快速，否则色彩会渗出形成混浊状，失去了马克笔透明和干净的特点（图 1-2-25 和图 1-2-26）。

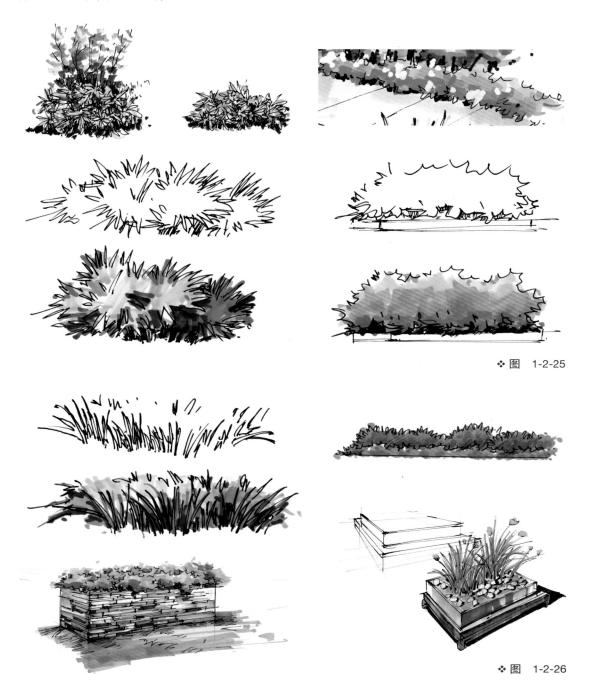

❖ 图　1-2-25

❖ 图　1-2-26

马克笔颜料挥发性很强，所以用后应及时封盖。使用马克笔的斜方形和圆形笔头可画出各种线和面。其颜色种类很多，可达百余种。画纸应选用吸水性适当的纸。画表现图时可单独使用马克笔，也可与其他颜色配合使用，如透明色、水彩等，其中与透明色配合最佳（图 1-2-27）。

❖ 图　1-2-27

2）乔木的表现

乔木表现时，先用绿色马克笔上大色，再用深绿色画暗部。用马克笔表现时，笔触大多以排线为主，所以有规律地组织线条的方向和疏密，有利于形成统一的画面风格。可运用排笔、点笔、跳笔、晕化、叠笔、留白等方法表现乔木（图 1-2-28 和图 1-2-29）。

不同方向的笔触相对比较自由随意，只需要小角度地变换方向。叠笔通过笔触角度微调叠加，树木枝叶显得层次丰富、富有张力。

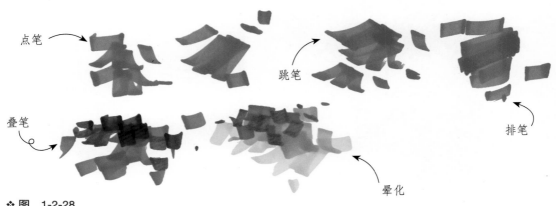

❖ 图　1-2-28

(a) 先用浅色铺大色调，确定　　(b) 用同一色系里的渐变色强　　(c) 加强明暗交界的色彩表现，加
　　主色调，注意冷暖搭配　　　　　调整体明暗关系　　　　　　　上对比色、环境色；用墨线笔
　　　　　　　　　　　　　　　　　　　　　　　　　　　　　　　　　再次强化叶片、枝干细节表现

❖ 图　1-2-29

　　乔木的表现好坏直接影响画面效果，难点在于树形、树干。上色只是辅助线稿，乔木上色分为四个部分：亮部、过渡部分、暗部、反光。要根据相关色系进行搭配，亮部要留白（图 1-2-30 ~ 图 1-2-33）。

❖ 图　1-2-30

❖ 图 1-2-31

❖ 图 1-2-32

❖ 图　1-2-33

3）棕榈科植物着色方法

棕榈科植物着色时叶片顶端受光的位置用亮色进行表现；背光的位置加重色，并局部添加对比色，丰富画面（图 1-2-34 ~ 图 1-2-36）。

❖ 图　1-2-34

❖ 图 1-2-35

❖ 图 1-2-36

由于马克笔的覆盖性较差，淡色无法覆盖深色，所以在上色的过程中应该先上浅色，然后覆盖较深的颜色。上色时要注意色彩之间的相互和谐，忌用过于鲜亮的颜色，应以中性色调为宜。另外，单纯地运用马克笔难免美中不足。所以，应与彩铅、水彩等工具结合使用，有时用酒精作再次调和，画面上会出现神奇的效果。

### 1.2.3 彩色铅笔

#### 1. 彩色铅笔的种类

彩色铅笔简称彩铅，分为水溶性和蜡质两种（图 1-2-37）。水溶性彩铅上色效果较好，因为它能溶于水，与水混合具有浸润感，上色后可用水彩笔蘸水涂抹出类似水彩的效果，也可用手指擦抹出柔和的效果。

#### 2. 彩铅的使用要领

彩铅是一种非常简便快捷的手绘工具，它便于携带，表现技法难度不大，掌握起来比较容易，是设计师常用的手绘表现工具。彩铅的表现技法看似简单，但并不随意，要遵循一定的章法，才能真正发挥它的优势（图 1-2-38）。

❖ 图　1-2-37

❖ 图　1-2-38

#### 3. 彩铅的基本表现手法

1）平涂排线法

运用彩铅均匀地排列出铅笔线条可达到色彩一致的效果。平涂排线法是体现彩铅效果的一个重要方法，它能突出形式美感。使笔触向统一的方向倾斜排列，是一种非常有效的手法，不仅简单易学，而且能得到完整而和谐的画面效果。注意用笔力度，变换力度的大小能体现出色彩的明度层次关系（图 1-2-39 和图 1-2-40）。

平涂排线

退晕法

叠彩法

排线法

叠彩法

退晕法

退晕法

❖ 图 1-2-39

❖ 图 1-2-40

2）叠彩法

运用彩铅排列出不同色彩的铅笔线条，色彩间重叠使用，可产生较丰富的色彩变化。对于彩铅来讲，如果仅靠单色进行涂染，出来的效果会呆板乏味，而我们需要利用它的特性来创造丰富的色彩变化。因此，在彩铅表现中可以适当地在大面积的单色里调配其他色，使背景色与主色产生对比，借以丰富画面的色彩层次（图 1-2-41）。

❖ 图　1-2-41

比如，描绘灌木或近处植物（图 1-2-42），不能只用深绿、浅绿、墨绿等绿色系列，而要适量加入一些黄色或橙色，这是利用冷暖色互相衬托的手法，具有形式感，能够使画面的色彩层次丰富生动，还能体现轻松、浪漫的气氛。在练习彩铅叠色时，应大胆地尝试各种色彩的搭配和调和。

3）水溶退晕法

利用水溶性彩铅溶于水的特点，将彩铅线条与水融合，达到退晕的效果。彩色铅笔不仅用来画线，还可以表现块面和各种层次的灰色调，因此需要用排线的重叠来实现层次的丰富变化。在进行排线重叠时除了可以像钢笔排线笔触的组织方法外，还可以像素描一样交叉重叠，但重复次数不宜过多。

❖ 图　1-2-42

运用彩色铅笔排列出铅笔线条，色彩可重叠使用，加强色彩的冷暖对比（图1-2-43）。

❖ 图　1-2-43

## 1.2.4　其他工具的表现技法

### 1. 水彩画的表现技法

学习水彩画首先应该掌握三个关键问题，即水、色和时间。水是指水分的运用和掌握，用水的好坏是一幅水彩画成败的关键，因为水彩是靠水调整色彩浓淡和明暗的，水分过多则画面会水迹斑斑，难出效果；水分太少则画面枯燥乏味，缺少水彩画应有的感染力。色是指颜色，因为水彩颜料比较透明，覆盖力差，只能深色盖浅色，而不能用浅色盖深色，亮色或白色必须事先留出来，所以作画时应考虑好前后顺序，做到胸有成竹，且用色需恰到好处。时间是指作画时对水色干湿程度的把握，也就是必须掌握恰当的时机，太早不宜把握形体，太迟又画不出理想的效果。需要干画的一定要等到干透，需趁湿画的，不要错过时机。

水、色、时间的运用必须多学多练才能掌握，只有掌握了水彩画的基本功，才能把水彩表现图画好（图1-2-44）。

❖ 图 1-2-44

## 2. 水粉画的表现技法

水粉画表现力强，表现范围广，既可以厚画覆盖，又可以薄画透明；既可以画得很细腻，又可以画得较明快流畅；既可以有油画一样的塑造力，又可以创造出水彩一样的湿画法（图 1-2-45）。

❖ 图 1-2-45

### 3. 透明水色的表现特点

透明水色的特点是色彩透明、亮丽而鲜艳，其颜色能在很短的时间内被水溶解，还有作画速度快的特点（图 1-2-46 和图 1-2-47）。

❖ 图　1-2-46

❖ 图 1-2-47

# 项目2 平面表现图的绘制

## 2.1 平面图绘制基本要素的表现

【学习目标】

1. 通过实例讲解，掌握各种园林要素的平面画法，能利用各种表现技法完成园林要素的表现。

2. 掌握单线条的绘制，注意线条的粗细、强弱，树例的画法要统一变化。

3. 能用明暗块表现平面植物、硬质地面、水体、山石等。

### 2.1.1 植物平面图例的表现

植物在园林应用中有乔木、灌木、花卉、绿篱、草坪、藤本植物、水生植物等不同类型，这些不同类型的植物图例表达各异。

#### 1. 树木的平面表示方法

乔木的图例是以树干位置为圆心，以树冠的平均半径为半径画圆，中心用点或小圆表示。灌木的外轮廓用圆或不规则形表示，中心用墨点表示。由于树木有针叶树和阔叶树之分，在配置时有孤植、丛植、群植、林植、片植、篱植等不同的种植方式，在表达时应该区别对待。

1）单株针叶树的平面表现

针叶树的树冠外围线为锯齿形线或斜刺形线（图 2-1-1）。

❖ 图 2-1-1

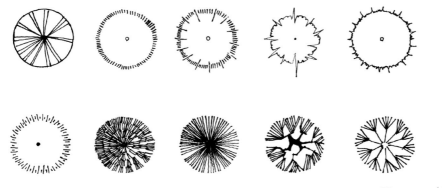

❖ 图  2-1-1（续）

2）单株阔叶树的平面表现

阔叶树的图例外轮廓为圆形或裂形线，表现手法上有枝干法、枝叶法等。绘制过程中要注意以下几点。

（1）画线要有力度并注意线条的疏密变化，如图 2-1-2 所示。

❖ 图  2-1-2

（2）按图例进行着色，着色要轻快、透彻，忌反复叠色，一些灌木着淡色，作空白之用，如图 2-1-3 所示。

❖ 图 2-1-3

（3）要注意使用对比色和色彩序列的表现方法，还要留空白，如图 2-1-4 所示。

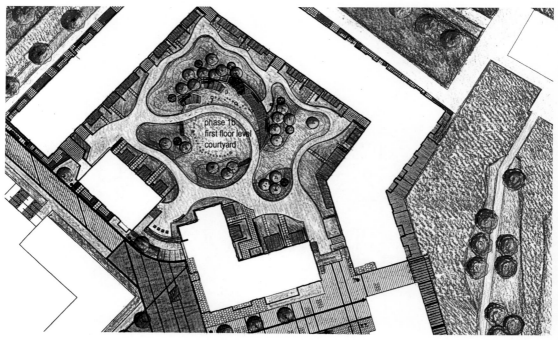

phase 1b
first floor level
courtyard

❖ 图 2-1-4

3）树丛、树群的表现

树冠重叠部分的表现，有时是画出上方树的完整树冠，而下方树的树冠被遮挡；有时是把两树树冠重叠的部分擦掉不画（图 2-1-5～图 2-1-6）。树丛、树群绘画时应注意以下两点。

（1）要画出完整、挺拔干净、利落、生动的线条。

（2）选用同一色系的彩铅进行渲染，要强调光和投影的表现效果。

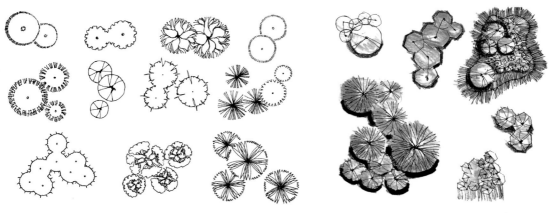

❖ 图　2-1-5

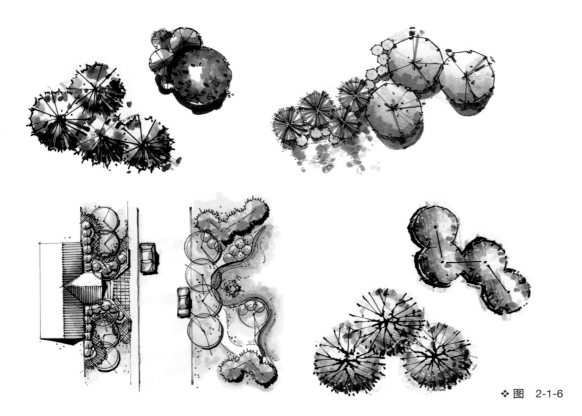

❖ 图　2-1-6

4）树林的平面表现

树林有疏密之分，平面表现时的区别是疏林的图例中要留有一定空隙，而密林不留空隙（图 2-1-7）。

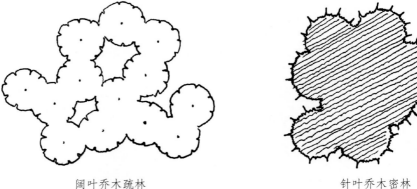

❖ 图　2-1-7　　　　　　　　　阔叶乔木疏林　　　　　　　　　针叶乔木密林

5）树木的落影表现

树木的落影是树木平面表现最重要的手段，它能增加图面的立体效果，使图面更加明快、有生气。树木的落影常用落影圆来表示，当然有时也参照树形稍作变化（图 2-1-8）。

❖ 图　2-1-8

## 2. 花卉的平面表现

花卉在园林应用时可以呈带状种植，做镶边植物，如图 2-1-9 所示；也可以成片栽植，如图 2-1-10 所示 。

(a) 一、二年生花卉　　　(b) 多年生花卉

❖ 图　2-1-9　　　　　　　　❖ 图　2-1-10

### 3. 绿篱的平面表现

绿篱在园林应用时有自然形绿篱和整形绿篱，其区别是整形绿篱符号中加席纹线（图 2-1-11）。

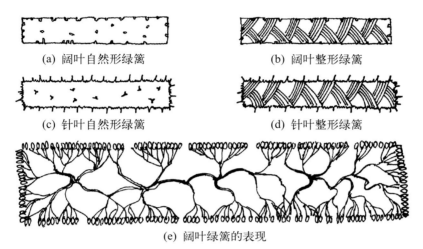

(a) 阔叶自然形绿篱                    (b) 阔叶整形绿篱

(c) 针叶自然形绿篱                    (d) 针叶整形绿篱

(e) 阔叶绿篱的表现

❖ 图　2-1-11

### 4. 草坪的表现

草坪一般有圆点法和短线法等表现方法，如图 2-1-12 所示。

❖ 图　2-1-12

### 5. 其他类型植物的平面图例

其他类型的植物如整形树木、竹丛、藤本植物的平面表现如图 2-1-13。

(a) 整形树木                    (b) 竹丛                    (c) 藤本植物

❖ 图　2-1-13

**知识拓展**

（1）整形树木：为规则的圆形符号。

（2）竹丛：为"个"字形组合或外廓线形态。

（3）藤本植物：为卷曲形符号，常配植于花架。

（4）水生植物：常配植于水体中，用漂浮形符号表达。

## 2.1.2　山石的平面表现

　　山石的平面表现通常只用线条勾画轮廓，很少采用光线、质感的表现手法。外轮廓用粗线条，石块纹理可用较细的线条稍加勾绘，以体现石块的体积感（图2-1-14）。

　　不同的石块，其纹理也不同，有的浑圆，有的棱角分明，在表现时应采用不同的笔触和线条（图2-1-15）。例如，

❖ 图　2-1-14

画太湖石时多用曲线表现出其外形的自然曲折与内部的纹理和洞穴；画黄石多用直线和折线表现其外轮廓，内部纹理多以平直为主；画青石多用直线和折线表现；画卵石多用曲线表现其外轮廓，内部用少量曲线稍加修饰即可。

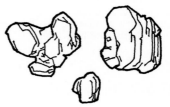

(a) 太湖石的平面画法　　　　　　(b) 黄石的平面画法　　(c) 青石的平面画法

❖ 图　2-1-15

## 2.1.3　水体的平面表现

　　水体的平面表现一般采用线条法、等深线法和渲染法。前两种用于水体的墨线表现，渲染法用于水体的色彩表现。

## 1. 线条法

线条法是用工具或徒手排列的平行线条表现水面，可以将整个水面用线条铺满，也可以局部留白，或者只局部画些线条。线条可采用波纹线、水纹线、直线或曲线。一般来说，静水面多用水平直线或小波纹线表现；动水面用大波纹线、曲线等活泼动态的线形表现（图2-1-16）。

❖ 图　2-1-16

## 2. 等深线法

在靠近岸线的水面中，依岸线的曲折作3根曲线（根据水面大小，也可画2根或4根），这种类似等高线的闭合曲线称为等深线。这种表现手法多用于自然式的水体（图2-1-17）。

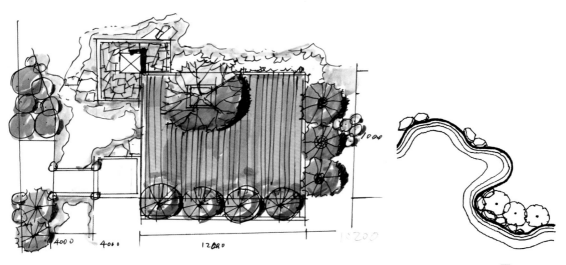

❖ 图　2-1-17

### 3. 渲染法

渲染法是用水彩或水墨渲染表示水面的方法。可从水岸向水面中心方向做由深到浅的退晕变化。如果采用水彩渲染，在色彩上还可以有冷暖变化（图 2-1-18）。

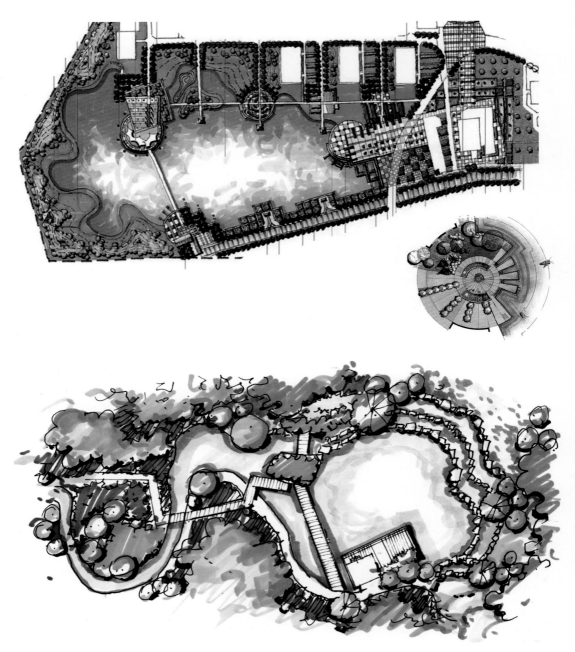

❖ 图 2-1-18

### 2.1.4 建筑的平面表现

#### 1. 轮廓法

轮廓法只画出建筑物的平面轮廓，适用于小比例的园林总体规划平面图。

#### 2. 屋顶平面图

屋顶平面图是由建筑的水平投影产生的视图，它能够反映出建筑物的屋顶形式、坡向等，一般用于园林总平面图中。屋顶平面的表现要强调屋顶建筑材料的质感（图2-1-19）。

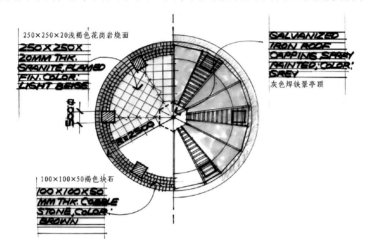

❖ 图 2-1-19

#### 3. 平面图

平面图是用假设的水平面将建筑物剖切开，下半部分的水平投影所得的视图能反映出建筑物的内部平面，一般适用于大比例的园林平面图。平面图中的剖面线可用粗实线表现，也可以将剖面线内部涂实（图2-1-20）。

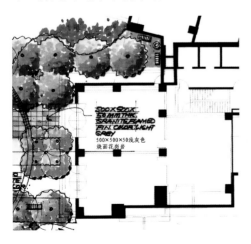

❖ 图 2-1-20

### 2.1.5 园路的平面表现

园路的平面表现主要有路面留白法和路面纹样法。

#### 1. 路面留白法

园路根据路宽，按照一定比例用流畅的线画出园路的线形，路面留白（图 2-1-21）。

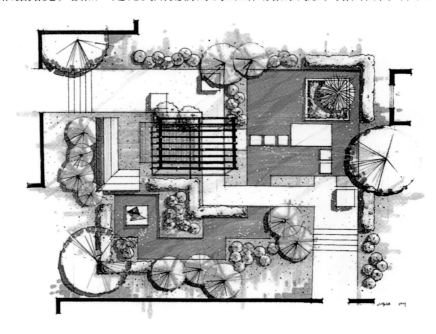

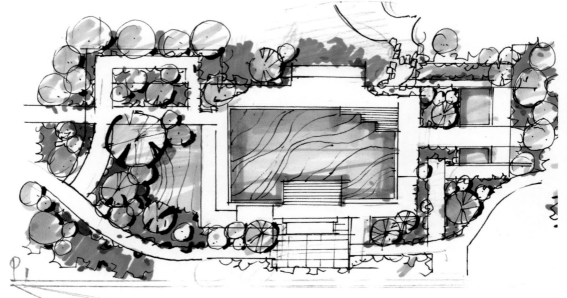

❖ 图 2-1-21

## 2. 路面纹样法

除了画出园路的线形外，在园路局部用示意性画法表示出园路的铺装材料。如卵石路面、冰纹路面、嵌草路面、木栈道等，此表现方法为路面纹样法（图2-1-22）。

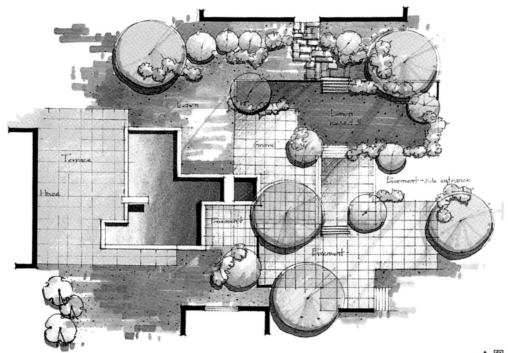

❖ 图　2-1-22

园林广场的表现一般都要画出广场的铺装纹样，并要着重表现铺装材料的质感和色彩（图2-1-23）。

❖ 图　2-1-23

## 2.1.6　地形的平面表现

### 1. 等高线法

等高线法是用一系列假想的等距离的水平面切割地形后获得的水平正投影表示地形的方法。在等高线上要标注出高程。一般情况下，原地形等高线用虚线表示，设计的等高线用实线表示（图 2-1-24）。

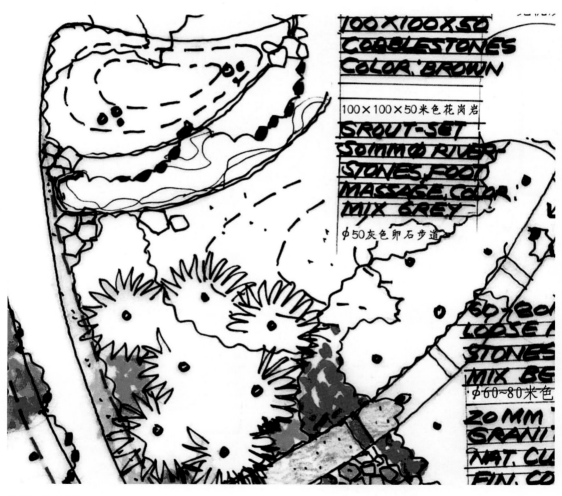

❖ 图　2-1-24

### 2. 退晕法

根据高程从高到低，采用逐步递减的色度进行渲染。此种方法能直观地反映出地形的高低变化（图 2-1-25）。

❖ 图　2-1-25

# 2.2　平面表现墨线图的绘制

## 【学习目标】

1. 通过实例讲解，掌握景观的尺度，利用点、线、面的组合对比，按照一定的步骤绘制平面表现墨线图。

2. 会用绘图笔基本画法表现平面图。

3. 会用绘图笔基本画法表现建筑、水体、地形、道路、植物等景观要素。

### 2.2.1　平面表现墨线图的绘制步骤

绘制平面表现图的步骤如下。

　　第一步：将硫酸纸覆盖在平面底图上，并描出建筑、水体、地形、道路、广场等主体景物轮廓，建筑的轮廓线要加粗，使整张画面线形富有变化（图 2-2-1）。

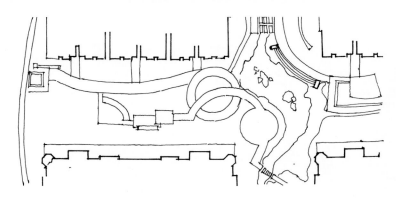

❖ 图　2-2-1

　　第二步：利用模板进行植物平面的绘制（图 2-2-2），注意用不同粗细的线条表现各种要素。

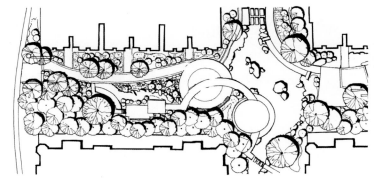

❖ 图　2-2-2

　　第三步：在完成图 2-2-2 的基础上画出建筑、水体、地形、道路、广场等主体景物细部，注意铺装的材质表现，最后把画面整体关系做进一步调整（图 2-2-3）。绘画中注意投影的方向要一致，用细线表现铺装。

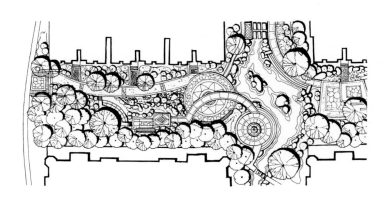

❖ 图　2-2-3

## 2.2.2  园林平面墨线表现图赏析

用疏密有致的线条表现别墅周围的景观平面，要注意空间的划分和材质的表现（图2-2-4）。

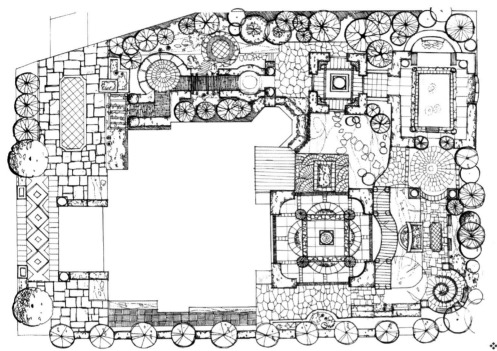

❖ 图  2-2-4

图2-2-5用粗线条将建筑清晰刻画，在景观的陪衬下，界线更加分明。此图表现细致入微，条理分明。

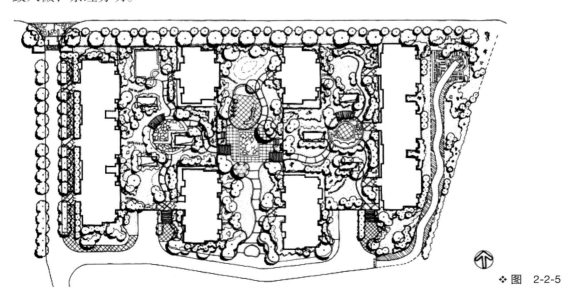

❖ 图  2-2-5

# *2.3* 平面表现色彩图的绘制

【学习目标】

　　掌握园林平面效果图的着色步骤和方法，熟练运用彩铅、马克笔等工具表现园林平面图中的水体、植物、铺装材料及园建的细部等。

## 2.3.1 园林平面表现色彩图的绘制步骤

　　第一步：植物（乔木、灌木、花卉、草坪等）着色。

　　着色时，注意灌木色彩最深，乔木次之，草地最浅。使用黄绿色，使三大类型的植被系统在画面上感觉层次丰富、表达清晰。在植物单体绘制时，一般色彩只需分清明暗两个层次即可（图 2-3-1）。如针叶树使用偏冷灰的绿色与阔叶树拉开层次。

❖ 图　2-3-1

　　第二步：水系统着色。

　　选择不同色相的蓝色马克笔平涂，喷泉、跌水、涌泉用水粉白色提高光，用修正液也可，最后用深蓝色沿水岸画出倒影（图 2-3-2）。要注意水系统着色运用平涂的方法，铺装材料在整体的明亮对比中略亮一些。

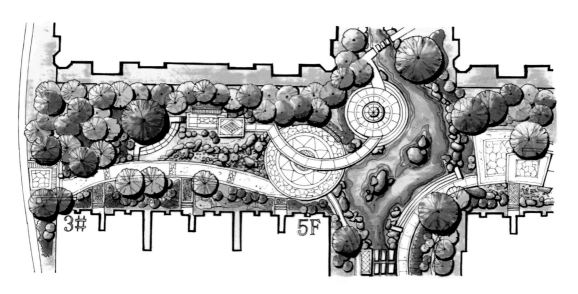

❖ 图 2-3-2

第三步：道路系统着色，整体平面色彩调整。

道路一般使用暖色系或中性色系马克笔绘制，注意道路与植物之间的色彩要有区分，注意铺装材料的色彩、光影及质感的表现。道路系统着色时，建筑的轮廓应形成线条的粗细变化。在注意调整色调的同时，更要注意黑白灰的控制。根据植被及景观构筑物的实际高度调整投影，使整体画面色彩协调（图 2-3-3）。

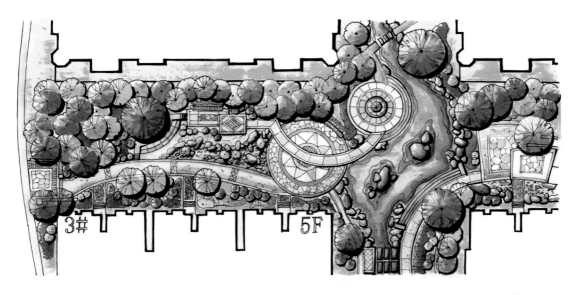

❖ 图 2-3-3

## 2.3.2　园林平面表现图实例赏析

图 2-3-4～图 2-3-10 为园林平面图实例。

图 2-3-4 为一园林规划设计平面图，用单一的淡黄绿色为底色，各园林景观要素用彩铅来表现，注意用色不要太多，否则容易使整体画面色彩杂乱。

❖ 图　2-3-4

图 2-3-5 为一居住区设计平面图的局部，主要用彩色铅笔来表现。为了突出园林景观部分，建筑家具部分进行留白处理，同时也避免了画面的色彩杂乱。

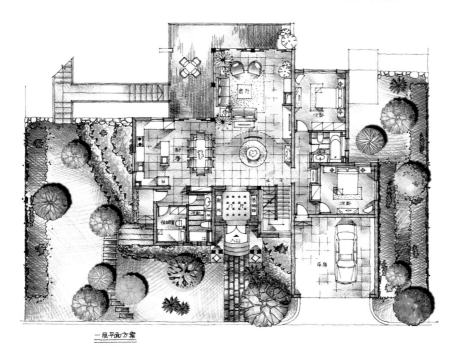

一层平面方案

❖ 图 2-3-5

图 2-3-6 为一局部园林规划设计平面图，先用马克笔铺底色，然后用彩铅调整。

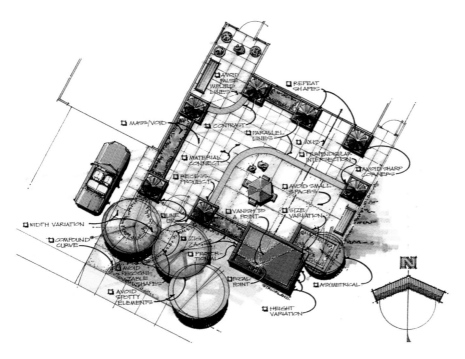

❖ 图 2-3-6

图 2-3-7～图 2-3-9 为乔木、灌木图例在平面图中的画法。

❖ 图 2-3-7

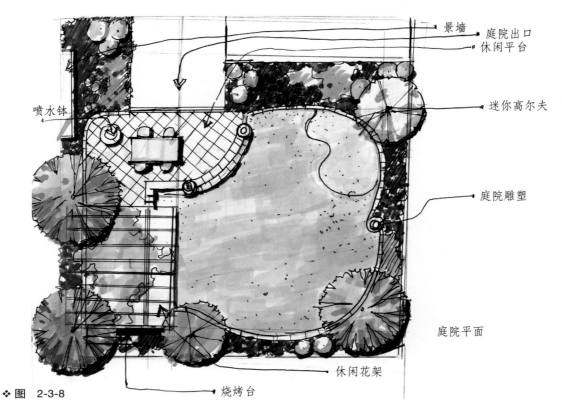

景墙
庭院出口
休闲平台

喷水钵

迷你高尔夫

庭院雕塑

庭院平面

休闲花架

烧烤台

❖ 图 2-3-8

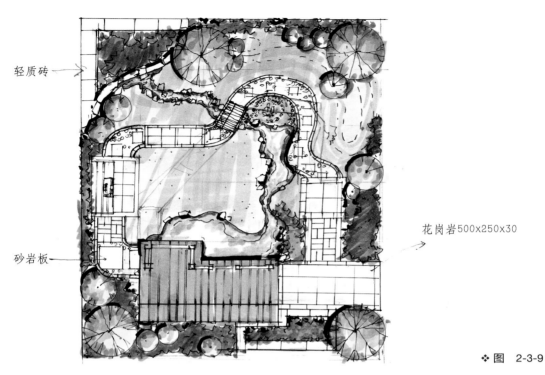

轻质砖

花岗岩500x250x30

砂岩板

❖ 图 2-3-9

图 2-3-10 为一园林设计平面图的局部，主要用彩铅来表现。为了突出园林景观部分，水体的表现应用彩铅的退润方法。建筑部分进行留白处理，同时也避免了画面色彩的杂乱。

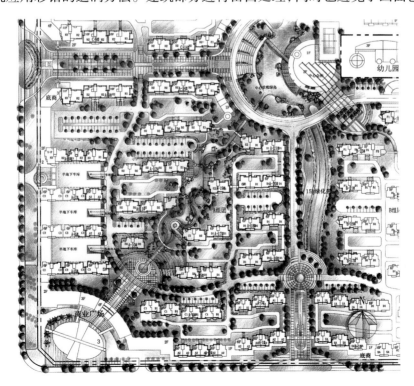

❖ 图 2-3-10

# 项目 3 立（剖）面表现图的绘制

## 3.1 立（剖）面图基本要素的表现

【学习目标】

1. 掌握手绘线条的表现方法。
2. 掌握各种要素的形象特征和质感的表现。
3. 掌握立面的表现技法，能熟练运用各种绘图工具绘制立面图和剖面图。

### 3.1.1 树木的立面表现

画树木时首先要根据树木的高度和冠幅定出树的高宽比，然后结合树形特征定出树的大体轮廓；根据受光情况，用合适的线条表现树木的质感和体积感，并用不同的表现手法表现出近、中、远景的树木。

在园林手绘表现图中，树木的立面表现有写实画法和装饰性画法两种。写实画法应注意树的质感和体积感的表现，树木的受光部多分布在树冠上部，暗部集中在树冠下部，特别是树枝与树冠交界处明显偏暗。

装饰性的画法要注意树冠的整体造型，突出画面图案化的效果，一般将其归纳为单纯明确的几何形，线条在组织上常常都很程式化（图 3-1-1）。

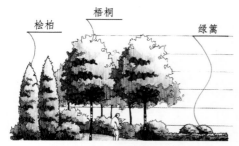

(a) 树木立面的写实画法

(b) 树木立面的装饰性画法

❖ 图 3-1-1

另外，还有手绘表现图与计算机技术结合的画法。手绘与计算机技术结合有多种方式。如用手勾出立面图的墨线稿，利用计算机软件上色（或局部用计算机软件上色）（图 3-1-2）。

❖ 图　3-1-2

## 3.1.2　水体的立（剖）面表现

水体的立面、剖面表现可采用线条法和渲染法。水体立面的墨线表现一般采用线条法，而渲染法用于水体的色彩表现。

### 1. 线条法

线条法是用细实线或虚线勾画出水体造型的一种水体立面表示法。线条法表现水体时需注意线条的方向要与水体流动的方向保持一致，并要注意虚实变化，不要使外轮廓过于呆板生硬。用线条法适合表现跌水、瀑布、喷泉等动态的水体，如果用线好可产生很生动的效果（图 3-1-3）。

❖ 图　3-1-3

### 2. 渲染法

渲染法是用水彩、透明色等颜色对水体的立面、剖面进行着色的表现。渲染法不仅能表现出水的形态，还能表现出水的光影和色彩（图 3-1-4）。

（a）护坡的剖面表现

（b）自然式水体的剖面表现

（c）规则式水体的剖面表现

❖ 图　3-1-4

## 3.1.3　建筑物的立（剖）面表现

建筑的立面是由建筑物的正面或侧面的投影所得的视图。剖面是用假设平行于建筑的正面或侧面的铅垂面将建筑物剖开，所得的剖切断面的正投影。

建筑物的立面轮廓线用粗实线表现，主要部分轮廓线用中实线，次要部分轮廓线用细实线，地平线用特粗线。

剖面图中被剖切到的剖面线用粗实线表现，没剖到的主要可见轮廓线用中实线，其余用细实线（图 3-1-5）。

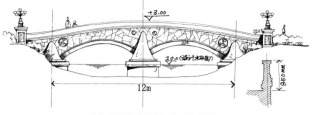

(a) 建筑立面的墨线表现　　　　　　(b) 园桥立面的墨线表现

❖ 图 3-1-5

　　在建筑物的立面、剖面表现中，色彩和质感的表现是最富有表现力、最能生动地表现出建筑物特征的表现手段。色彩的表现要确定色彩的主色调，还要注意主体建筑和周围配景的远近虚实关系和色彩的明暗、冷暖关系。建筑材料的表现要生动地表现出材料的质感、纹理、色彩、光影和冷暖变化，如石材、砖、木、玻璃、金属等，表现时要使用不同的表现技法（图 3-1-6～图 3-1-8）。

❖ 图 3-1-6

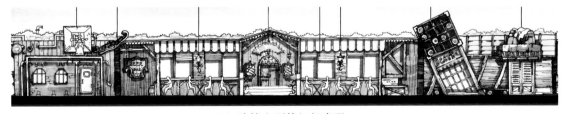

(a) 建筑立面的细部表现

❖ 图 3-1-7

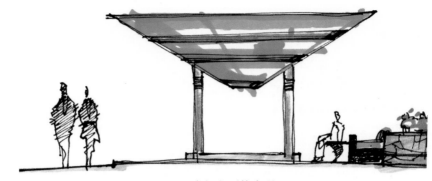

(b) 廊架立面的表现

(c) 花池立面的材料表现

❖ 图 3-1-7（续）

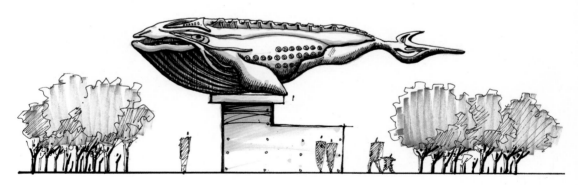

❖ 图 3-1-8

## 3.1.4　地形的剖面表现

　　根据平面图的剖切位置，求出地形剖断线，并画出地形轮廓线，便可得到完整的地形剖面图。地形的剖面图能准确表达出地形垂直方向的形态。地形的剖断线要用粗实线表现。

做出地形剖面图后，再画出剖视方向其他景观要素的剖面或立面投影，就可得到园景剖面图（图 3-1-9 和图 3-1-10）。

❖ 图 3-1-9

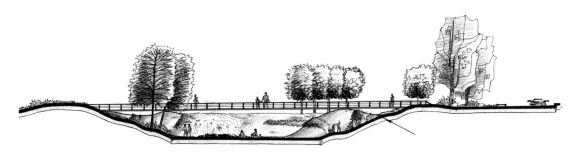

❖ 图 3-1-10

## 3.1.5 汽车的立面表现

汽车在立面图、剖面图中作为配景是比较常见的（图 3-1-11）。

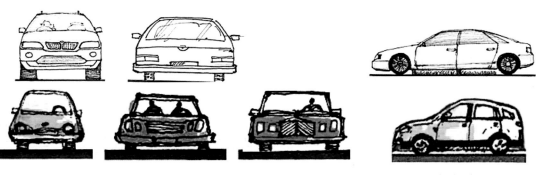

(a) 正立面          (b) 侧立面

❖ 图 3-1-11

# *3.2* 立（剖）面表现图墨线的绘制

【学习目标】

1. 通过实例讲解，掌握立面、剖面墨线表现图的绘制步骤和绘制技巧，能完成立面、剖面效果图墨线的绘制。

2. 会用铅笔、绘图笔表现园林景观要素，能画出剖面图的基本特征。

3. 能通过案例分析表现出园林构筑物的立（剖）面图。

## 3.2.1 立（剖）面表现图墨线的绘制步骤

我们以剖面图为例进行园林景观立（剖）面表现图墨线绘制。

第一步：根据概念草图，规范主体景观尺寸。用针管笔勾画主体构筑物高、宽之间的比例关系（图 3-2-1）。

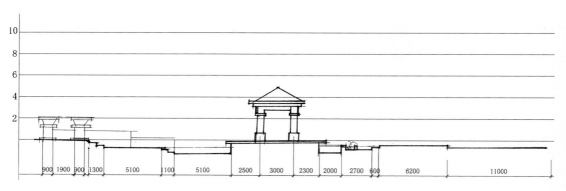

❖ 图 3-2-1

第二步：用针管笔绘制景墙和花钵的装饰材质，用铅笔按比例画出植物配景的外形轮廓。铅笔稿不要把植物画得太细，用体块来体现即可（图 3-2-2）。

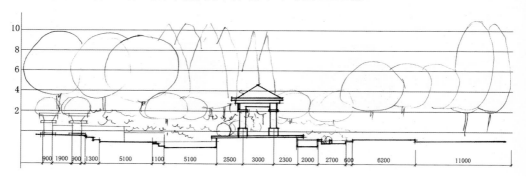

❖ 图 3-2-2

第三步：对乔木、灌木、地被等植物进行刻画，植物外形、前后、物种应作区分。不同材质的刻画要确保疏密关系（图 3-2-3 和图 3-2-4）。

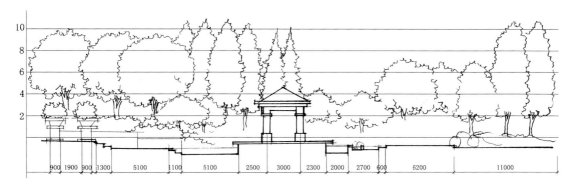

❖ 图 3-2-3

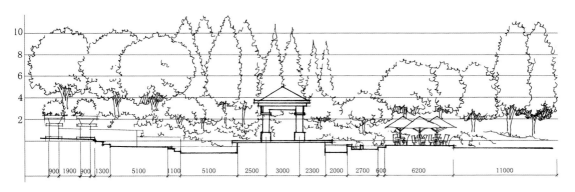

❖ 图 3-2-4

第四步：加强整体的对比联系。可利用排线表现物体明暗层次和光影关系，注意画面整体黑、白、灰处理，强调出立面层次，使画面更加生动。最终的效果如图 3-2-5 所示。

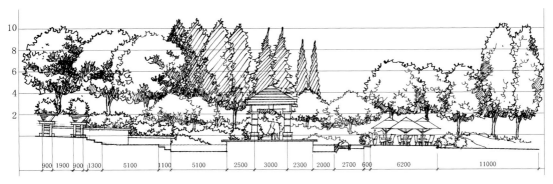

❖ 图 3-2-5

勾画墨线应简练且概括性强，为着色留有余地，各景观要素的尺寸和比例关系要准确。

### 3.2.2 立（剖）面墨线表现图赏析

在立（剖）面图的表现中，卵圆形的树可以用画枝干法来表现，其他树的表现可以简练而含蓄，表现形式强调概括性的效果。图 3-2-6 主要表现树的形态变化，黑、白、灰的对比关系以及线的虚实对比关系；图 3-2-7 的墨线简练概括，各景观要素的尺寸和比例关系准确；图 3-2-8 的喷涌效果表现没有过分夸张，形体的轮廓用圆润的曲线表现。

❖ 图 3-2-6

❖ 图 3-2-7

❖ 图 3-2-8

# *3.3* 立（剖）面表现色彩图的绘制

【学习目标】

通过着色训练，了解着色工具的基本性能，掌握剖面图的色彩表现技巧，掌握用立、剖色彩关系的手绘表现准确地表达设计意图。

## 3.3.1 立（剖）面表现色彩图的绘制步骤

第一步：乔木上色时，运用马克笔绘制乔木的亮面，近处植物用中绿马克笔上大色。注意植物受光面的留白（图 3-3-1）。

❖ 图 3-3-1

第二步：用冷灰色马克笔铺出背景植物的色彩。加强植物的暗部色彩，强化植物的体积感。注意植物间色彩冷暖关系的调整。

第三步：灌木、花草上色依照冷—暖—冷上色原则进行，遵从色相要稳、色差不大、明度要亮的原则进行搭配。注意笔触上要有变化（图 3-3-2）。

❖ 图 3-3-2

第四步：绘制近处建筑、景观构筑物，详细表现构筑物的材料质感。墙体的色彩要淡于植物，要注意和植物间的对比关系，注意建筑自身材质的表现（图 3-3-3）。

❖ 图 3-3-3

第五步：画面的远近层次和色彩关系的整体调整，详细表现景墙花钵的材料质感，加强对比，并修正细节（图 3-3-4）。

❖ 图 3-3-4

居住区建筑入口剖面表现如图 3-3-5 所示。

❖ 图 3-3-5

### 3.3.2 园林景观立（剖）面表现图实例赏析

园林景观立（剖）面表现图实例赏析见图 3-3-6~ 图 3-3-15。

图 3-3-6 中植物以形态对比为主，色彩上加强了对比色的运用；图 3-3-7 中景墙的表现强调了建筑材料的质感；图 3-3-8 中整形树通过方形、圆形、圆锥体强调了几何图形的对比，突出了视觉冲击力；图 3-3-9 中色彩的冷暖关系处理较为强烈，背景植物加入了一定的冷灰颜色；图 3-3-10 中暖色的墙和植物之间形成了冷暖对比关系；图 3-3-11 用水彩表现的天空较为透明，建筑立面表现图中植物的表现不需过细。

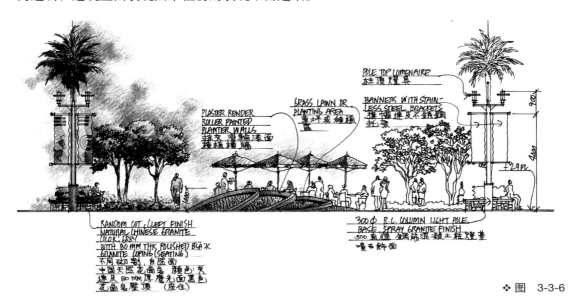

❖ 图 3-3-6

❖ 图 3-3-7

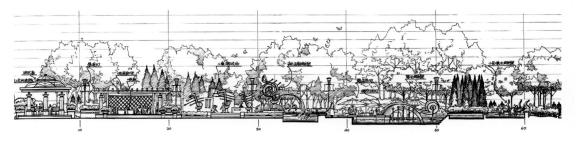

❖ 图 3-3-8

❖ 图 3-3-9

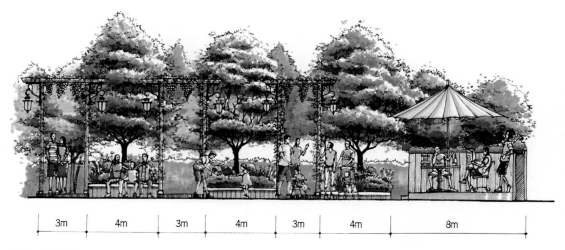

❖ 图 3-3-10

一点透视体块
画法

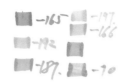

❖ 图 3-3-11

立面马克笔着
色方法

剖立面图－A

剖立面图－B

❖ 图 3-3-12

❖ 图 3-3-13

疏林草坡　中心喷泉　钢桥构架　水生植物区　休闲茶座

❖ 图 3-3-14

休憩座椅　草坡石条　景观槐树　休憩坐凳　浮雕景墙

❖ 图 3-3-15

# 项目 4 透视表现图的绘制

## 4.1 园林景观要素的表现

【学习目标】

1. 掌握透视手绘表现图墨线绘制的原理和技法。
2. 提升学生的观察力、分析力、造型能力和对园林景观的表现力。

### 4.1.1 透视表现图的基础知识

#### 1. 一点透视

一点透视是指在 60° 视域范围内，当方形物体的一个面与画面平行，它的侧面及水平面与画面垂直时的透视，也叫平行透视。它的特点是只有一个消失点。一点透视强调空间的深度，可通过构筑物、树木、人物的尺寸大小变化、材质的肌理等来表现园林场景的纵深感（图 4-1-1~ 图 4-1-3）。

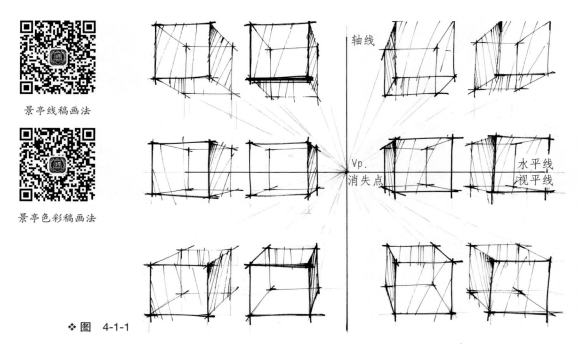

景亭线稿画法

景亭色彩稿画法

❖ 图 4-1-1

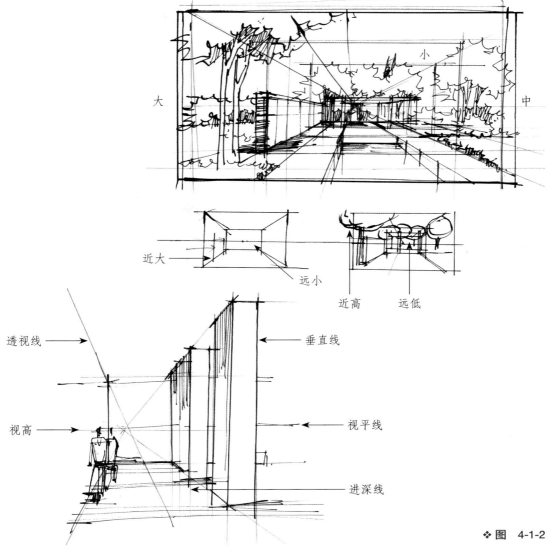

❖ 图　4-1-2

❖ 图　4-1-3

　　一点透视的应用：在透视表现时，要先仔细查看图纸，了解具体的尺寸、范围等内容，在视角选择的同时，要注意竖线与地面保持垂直，放射线与消失点连接，平行线在空间中仍是平行的关系。一点透视中，图像仿真的效果取决于对景深的合理描述。

## 2. 两点透视

　　两点透视是指在 60° 视域范围内，当方形物体的两个侧面与画面成倾斜角度，水平面与画面垂直时的透视，也叫成角透视。它的特点是有两个消失点，两个消失点必须在视平线上，在同一个画面中永远只有一根视平线（图 4-1-4 和图 4-1-5）。

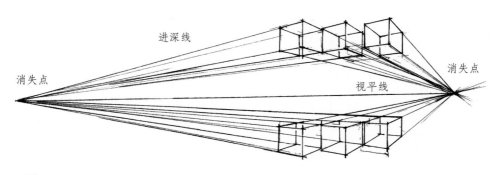

❖ 图　4-1-4

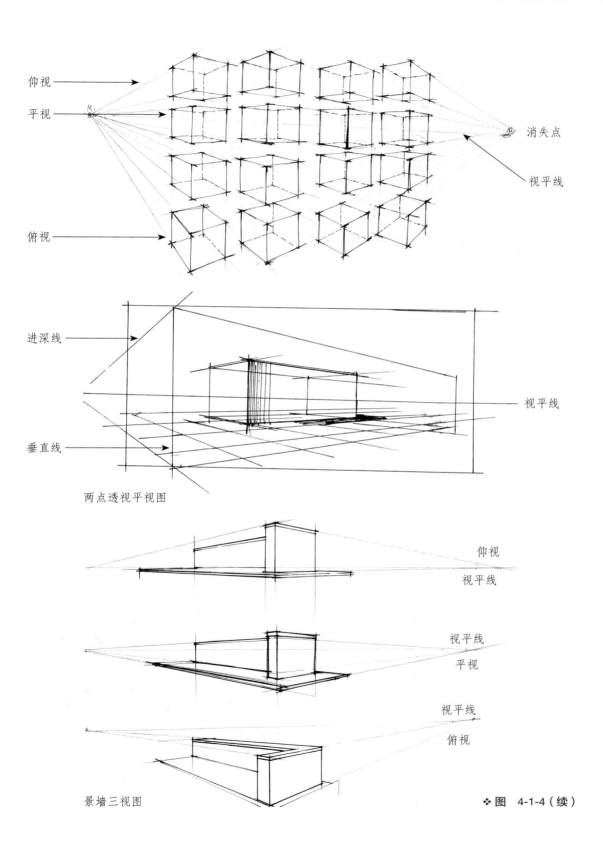

仰视

平视

消失点

视平线

俯视

进深线

视平线

垂直线

两点透视平视图

仰视

视平线

视平线

平视

视平线

俯视

景墙三视图

❖ 图　4-1-4（续）

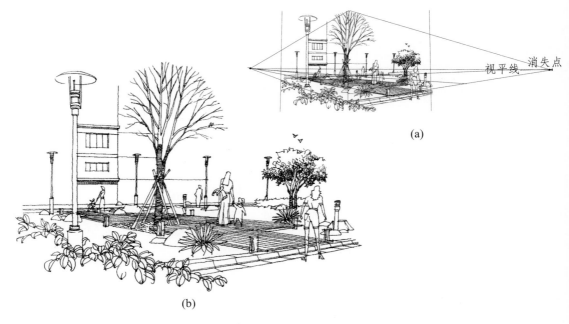

(a)

(b)

❖ 图　4-1-5

**知识拓展**

　　两点透视的应用：以两点透视形式表现出来的画面比较生动，贴近实际的视觉感受。首先确定视平线的位置，在表现画面时永远不能忘记视平线的存在，它有助于我们观察画面的准确性，通过这条"线"，很容易找到画面相互之间的关系。当视点正对成直角转角的植物景观时，消失点要在画面以外，与视点不要太近；否则，由于视距太短，透视变化太大，影响手绘的表现。

## 3. 平面图向透视图的转换

　　在绘制透视图前，应理解平面图中的空间关系，以植物为主的景观应注意植物的形态表现和季节的色彩表现。通过平面图视点的分析（图 4-1-6），要在脑海中形成空间图像，在构图时注意画面的视觉关系，如变化与均衡、开与合、聚与散、疏与密、收与放、断与连、外放与内敛、对比与调和、平正与险绝、整体与局部等。要创造"一气贯通""浑然天成"的视觉效果（图 4-1-7～图 4-1-10）。

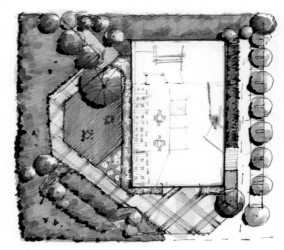

❖ 图　4-1-6

图4-1-7

图 4-1-8

图　4-1-9

## 4.1.2  园林景观透视表现图的绘制步骤

第一步：比较相关资料，把握作画的特点，以视觉取胜，厘清作画思路，打好腹稿，力求表现简单、概括，然后起草勾线（图4-1-11）。

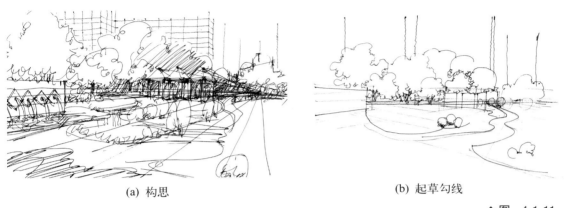

(a) 构思　　　　　　　　　　　　　　　　(b) 起草勾线

❖ 图　4-1-11

第二步：根据概念草图用绘图笔勾出主体景物的透视关系，用铅笔画出主要景物的位置和轮廓。注意乔木、灌木与亭子、景墙的比例和前后的透视关系；视平线高度的设定、透视方式的选择；构图及画面中景物的前景、中景、后景和背景的处理方式以及疏密关系（图4-1-12）。

第三步：根据画面构图勾画配景，用清晰明朗的绘图笔画出乔木、灌木、硬质地面、水系、景墙、亭子、人物和建筑的轮廓（图4-1-13）。

❖ 图　4-1-12　　　　　　　　　　　　　　❖ 图　4-1-13

第四步：用线面结合的方法丰富近景的层次，分开画面的黑白层次，亮部要给色彩留出充分的表现空间。透视变化在画面中对植物、水系、硬质地面、建筑山石的表现是近大远小（图 4-1-14）。

❖ 图　4-1-14

第五步：绘制过程中注意线形粗细及疏密变化。景墙后面的乔木和水系由近及远，逐渐过渡。注意乔木与灌木的轮廓，由清晰变为逐渐模糊。为突出画面的主次关系，可将部分细节省略概括。

## 4.1.3　透视表现墨线图实例赏析

图 4-1-15 中明暗关系是因光线的作用而形成的，在黑白线条表现图中是利用不同性质的线条进行处理的，光影的衰落现象用来表现对象的空间特性，人的视觉对明、暗高反差最为敏感。在表现图中常需演绎设计对象前后左右的位置及体面的凹凸关系，以获得画面的立体感。

在实践的过程中需注意：下笔之前要对所画的对象感兴趣，这样才能全心地投入观察，才能认真分析所画对象的形体关系，准确地描绘形体结构。画图时要注意整体关系的把握，如明暗、主次等，不要被细节左右。特别是要求快速表现的时候，不要过于拘谨，如图 4-1-16 所示。

❖ 图 4-1-15

❖ 图 4-1-16

图 4-1-17 运用了构图常用方法——"之"字构图法来表现曲折多姿的园林景观。

构图中也常采用"由"字构图法，构图重心在画面下部，上部场景更为开阔，加强使用空间的延展性。

❖ 图　4-1-17

图 4-1-18 的线条表现宜根据不同的对象，运用透视关系、配景布局、构图角度、整体的疏密层次等来表现对象的空间属性。

❖ 图　4-1-18

图 4-1-19 中画面的透视关系准确,加强了植物形态特征的表现。为了表现后面的景观,前面的植物可以省略表现。

❖ 图 4-1-19

图 4-1-20 中树木由枝、干、叶组成,不同枝、干、叶的组合和不同的树种形成不同的姿态,要选择适当的方法表现。有用线描表现的,也有用明暗调子表现的,还有以线条与明暗调子结合表现的。

❖ 图 4-1-20

　　图 4-1-21 对透视关系的处理较为准确、严谨，如能更概括地画出近景的树木会更精彩。

❖ 图　4-1-21

　　图 4-1-22 中植物的表现手法较为统一，亭子的表现与自然线条的植物形成对比，使整体画面统一中又存在变化。

❖ 图　4-1-22

更多园林景观透视表现墨线图见图 4-1-23~ 图 4-1-38。

❖ 图　4-1-23

❖ 图　4-1-24

❖ 图　4-1-25

❖ 图　4-1-26

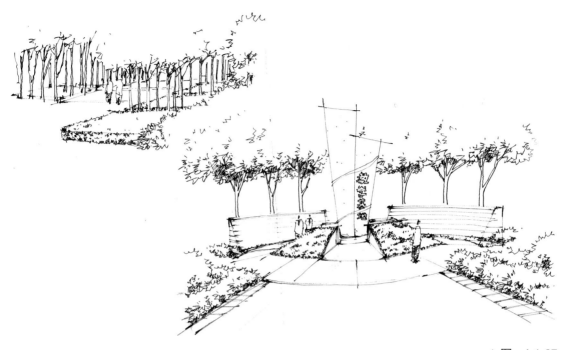

❖图 4-1-27

❖图 4-1-28

❖ 图　4-1-29

❖ 图　4-1-30

❖ 图　4-1-31

❖ 图　4-1-32

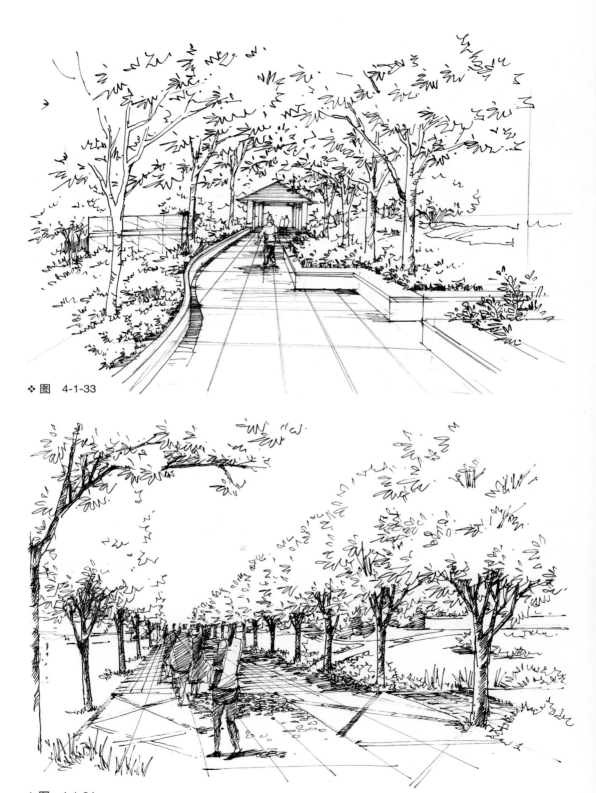

❖ 图 4-1-33

❖ 图 4-1-34

❖ 图　4-1-35

❖ 图　4-1-36

❖ 图　4-1-37

❖ 图　4-1-38

# *4.2* 透视表现色彩图的绘制

**【学习目标】**

通过本课程的理论和实践教学，帮助学生掌握运用马克笔、彩铅等工具表现园林效果图。

## 4.2.1  马克笔表现图的着色步骤

第一步：用马克笔从浅色系开始上色（图 4-2-1）。

第二步：从局部延伸至整体，丰富色彩变化（图 4-2-2）。

❖ 图　4-2-1                                     ❖ 图　4-2-2

第三步：整体调整画面，注意对比关系（图 4-2-3）。

❖ 图　4-2-3

第四步：拉开绘制景物的空间关系（图 4-2-4）。

❖ 图　4-2-4

## 4.2.2　彩铅表现图的着色步骤

第一步：首先确定透视方式及视平线高度。注意构图及画面的前景、中景、后景和背景的处理方法，确保透视准确、疏密得当、富有节奏（图 4-2-5）。

第二步：以针管笔或水笔准确勾勒墨线。从前景往背景勾勒时要注意物体前后层次的清晰和空间关系的准确。要用勾线的粗细、轻重来表现景物；构筑物、铺装可用较细的笔勾线；植物可用粗一点的笔勾线（图 4-2-6）。

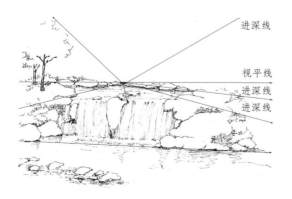

❖ 图　4-2-5

❖ 图　4-2-6

第三步：对画面中各物体的明暗关系加以刻画，对线的组织和疏密作进一步处理，并刻画各硬质景观的质感，勾画出植物的形态。表现石材应注意石材的凹凸感、透视关系及疏密大小的变化，要注意玻璃反光的表现。当墨线稿完成后，用橡皮擦净铅笔痕迹（图 4-2-7）。

第四步：先明确基调，然后从浅到深、由远至近逐步深入刻画。注意画面的主色调控制、明暗关系的统一、点缀色的选择、画面留白、高光等几个要素。要注意色彩的秩序关系，并做到形象主题突出（图 4-2-8）。

❖ 图　4-2-7　　　　　　　　　　　　　　　　　　❖ 图　4-2-8

第五步：画面大体布置完成后，进入细节调整阶段。强化主要表现的内容，弱化次要表现的形象和色彩，深入刻画主体形象，形象不够丰满之处，可用勾线笔随时添加（图 4-2-9）。

❖ 图　4-2-9

第六步：色彩调整时要注意色彩冷暖组群关系和色彩秩序形象。主题突出画面中心区，衬托部分和背景的空间层次要明确。可加强阴影、倒影，使画面更加鲜亮、层次分明，增强立体感（图 4-2-10 ～ 图 4-2-12）。

图 4-2-10

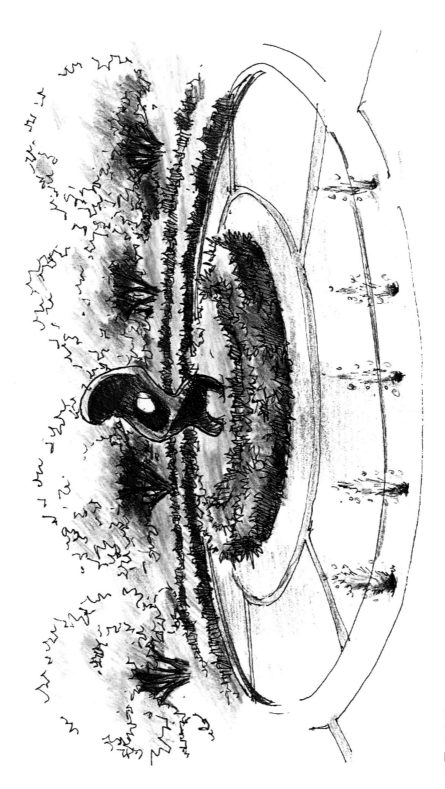

图4-2-11

马克笔+彩铅

图 4-2-12

### 4.2.3 透视表现图的训练方法

#### 1. 有针对性的临摹训练

园林手绘表现可通过临摹园林景观场景的方式入门,通过临摹来掌握形体、结构、透视、比例、色彩等关系及植物的构成关系。通过临摹可以从中学到他人的方法和技巧,提高手绘水平,提升对事物认识的高度。在临摹的训练中,我们可以从临摹他人的作品开始,同时,还要进行大量的局部临摹,临摹与实景观察相结合,最终形成自己的表现风格(图4-2-13)。

❖ 图 4-2-13

## 2. 户外勾画草图训练

到广阔天地间去作画，尊重自然，表现客观，提炼生活，去现场感悟空间。图 4-2-14 所示是根据甲方设计要求及现场空间情况进行现场勾画的草图。勾画时强调了植物的组团关系及形态特征。

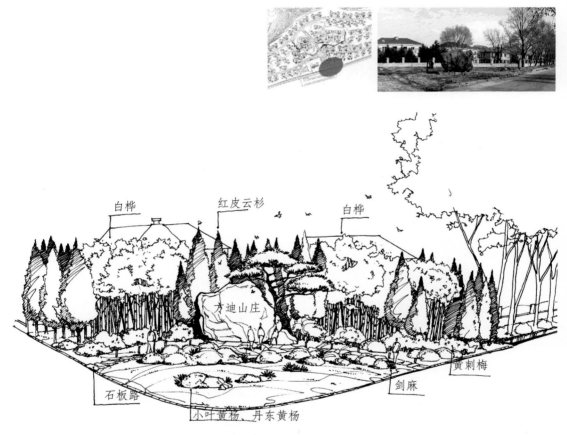

❖ 图　4-2-14

## 4.2.4　透视表现图实例赏析

图 4-2-15 中色彩调整时要注意色彩冷暖组群的关系和色彩秩序的关系，要突出主题，画面中心区、衬托区和背景空间层次要明确。

图 4-2-16 的实际绘制过程中，彩色铅笔往往与其他工具配合使用，如与钢笔线条结合，利用钢笔线条勾画空间轮廓、物体轮廓；与马克笔结合，运用马克笔铺设画面大色调，再用彩铅叠彩法深入刻画；与水彩结合，体现色彩退晕效果等。

图 4-2-17 为灌木、雕塑彩铅与马克笔结合的表现。

❖ 图 4-2-16

❖ 图 4-2-17

图 4-2-18 中的地面在铺色过程中要逐渐由冷色向暖色过渡，使地面近处颜色偏暖，丰富色彩关系，增加远近空间的延伸效果。图 4-2-19 中的整个地面处理为重点，拉开黑、白、灰三个层次，从而带动整个地面的渲染效果。

❖ 图   4-2-18

❖ 图   4-2-19

图 4-2-20 在着色时从上到下，先背景后主体，先铺大色块后画细部。

❖ 图 4-2-20

图 4-2-21 中场景空间中的植物分近、中、远三个层次，越远的层次色彩越淡、越冷；近处相对亮一些。

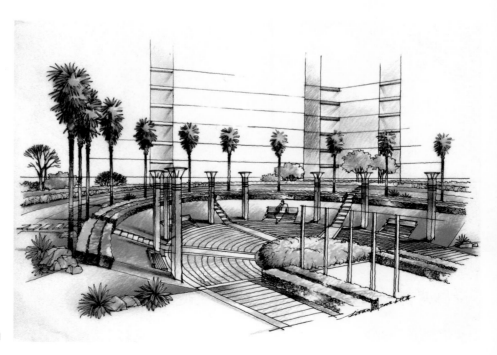

❖ 图 4-2-21

图 4-2-22 中彩色铅笔有其特有的笔触，用笔轻快，线条感强，可徒手绘制，也可用尺排线。绘制时注意虚实关系的处理和线条美感的体现。图 4-2-23 为手绘设计表现图，其用笔的节奏、韵律、和谐、构图等也都是情感的流露。

❖ 图　4-2-22

❖ 图　4-2-23

图 4-2-24 中彩色铅笔在表现时要注意透视和构图问题，还要做到概括和简练。图 4-2-25 的水彩表现不具有较强的覆盖性，无法覆盖深色，所以在给效果图上色过程中应先上浅色后覆盖深色。

❖ 图　4-2-24

❖ 图　4-2-25

　　彩色铅笔需要长期学习和实践，才能运用自如、得心应手（图 4-2-26）。图 4-2-27 的水彩要从亮的地方开始，一幅好的水彩表现图除了内容和感觉的深刻表达之外，给人的感觉应该是湿润流畅、晶莹透明、轻松活泼的。

❖ 图　4-2-26

❖ 图　4-2-27

　　图 4-2-28 把笔触概括得恰到好处，设计师必须有意识地培养和丰富自己的情感世界。图 4-2-29 的特点是透明、轻快，表现远、中、近的空间层次，注意色彩白灰层次的搭配，使重点突出与陪衬虚实相生。图 4-2-30 的色彩点缀也是活跃地面气氛的一种方式，小面积对比色的运用既丰富了画面，又能使一些重要部分鲜明醒目，主题突出。

❖ 图　4-2-28

❖ 图　4-2-29

　　图 4-2-31 中的气氛、情调、意境等因素与相应技法完美结合。气氛是指季节时令、地理地域的特征；情调是指通过画面表达出的画者的情绪；意境是指作品引起观者的想象与联想。图 4-2-32 所示水体的倒影上下对应，整体概括，不过分追求细节，色彩对比相对较弱。

❖ 图　4-2-30

❖ 图　4-2-31

❖ 图　4-2-32

　　图 4-2-33 中雕塑、水景、梁、柱都极力体现了欧洲的异域情调。图 4-2-34 的景观结构及细节表达细腻，能完整地表达出设计意图，色彩上运用了纯度较大的对比色，成为此图的点睛之笔。

❖ 图　4-2-33

❖ 图　4-2-34

　　图 4-2-35 中建筑着色围绕结构的变化而变化，建筑立面的颜色根据不同体面的素描关系使用了不同明度与纯度的色彩。在表现时，将设计或现场感觉充分融入表现之中，使技巧更有生命力和感染力。

❖ 图　4-2-35

图 4-2-36 中的天空着色时应先画天空后画建筑。表现天空的同时也要表现天空在玻璃上的影像，这样玻璃的质感表现就会更自然、更逼真。绘制图 4-2-37 时要分清主次、远近、虚实，近处植物需细致刻画，远处植物要与天空联系在一起。

❖ 图 4-2-36

❖ 图 4-2-37

图 4-2-38 中近处的植物刻画需要精细准确，远处的植物则只需分组成片地画出树的形态，使用偏冷灰的绿色才能与近处的植物拉开距离，增强画面的空间感。绘制图 4-2-39 时需要注意画面的前后层次。

❖ 图 4-2-38

❖ 图 4-2-39

绘图时要重点突出，注重对每一个细节的刻画及暖色向冷色推移的过程（图 4-2-40 和图 4-2-41）。水景的处理要活泼生动，整个画面要紧凑，富有感染力。硬质表现时注意着色应依主次进行虚实处理（图 4-2-42）。

❖ 图　4-2-40

❖ 图　4-2-41

图 4-2-42

❖

图 4-2-43～图 4-2-60 为透视表现图的实例赏析作品。

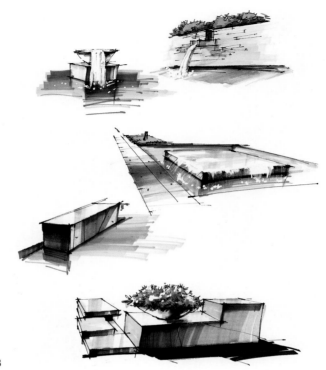

❖ 图　4-2-43

❖ 图　4-2-44

图 4-2-45

❖

玻璃钢顶轧花钵
看势黄色亚光漆

花墙快题设计
设置于建筑山墙处高
度适宜,造达透捡人隐瓷
保证室内私密性,同时起
到连环景观细我的作用

顶制玻璃钢定瓷

浅色文化石脚

❖图　4-2-46

❖ 图 4-2-47

❖ 图 4-2-48

❖ 图 4-2-49

❖ 图 4-2-50

❖ 图 4-2-51

❖ 图 4-2-52

❖ 图 4-2-53

❖ 图 4-2-54

❖ 图　4-2-55

❖ 图　4-2-56

❖ 图 4-2-57

❖ 图 4-2-58

❖ 图　4-2-59

❖ 图　4-2-60

# 项目 **5** 鸟瞰图的绘制

## **5.1** 园林节点鸟瞰图的表现

**【学习目标】**

1. 掌握透视鸟瞰图的概念、一点透视鸟瞰图的画法、两点透视鸟瞰图的画法。
2. 掌握鸟瞰图的线条和色彩表现。
3. 能够用墨线直观、形象地反映园林景观群体的规划全貌。

### 5.1.1 鸟瞰图基本关系的表现

#### 1. 方体的鸟瞰关系

把所要表现的全部元素看作由很多方体组成，这样整体鸟瞰图的大致透视关系就很清晰。如图 5-1-1 所示，把方体的不同角度看作人眼不同的透视视点，这样就可以从任意视角绘制不同的鸟瞰图。

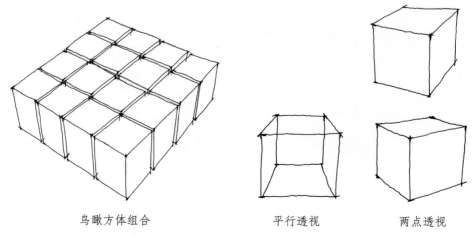

鸟瞰方体组合　　　　平行透视　　　　两点透视

❖ 图　5-1-1

## 2. 园林各要素的鸟瞰关系

园林各要素都根据透视投影规则进行描绘，清楚地体现要素间形体、颜色和光照等关系，近大远小，近明远暗。建筑鸟瞰图要突出表现建筑物及建筑群体，而道路和园林绿化景物是配景；园林鸟瞰图是突出绿化工程的全貌，建筑物只是园林的配景，所以在画面中，我们要注意画面整体的主次关系，以满足园林整体艺术效果的表现。图 5-1-2 为单个物体的鸟瞰透视关系。

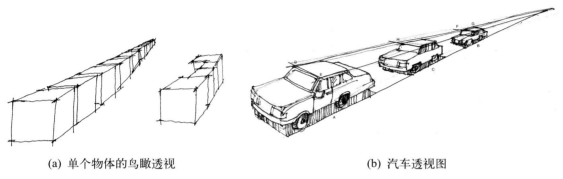

(a) 单个物体的鸟瞰透视　　　　　　　　(b) 汽车透视图

❖ 图　5-1-2

## 3. 透视网格的绘制方法

根据画面与景物的位置关系，透视鸟瞰图可以分为仰视、平视和俯视三大类（图 5-1-3）。

鸟瞰图的难点就是透视画得是否准确。丰富的空间层次关系只有通过理想的透视处理才能得到完美的表现。

平视鸟瞰图中又包括一点透视网格法和两点透视网格法，如图 5-1-4 和图 5-1-5 所示，这两种方法与制图中的绘制方法相似，但不需要非常精确地找到灭点。

俯视鸟瞰图绘制时，视点较高，也可以用一点透视、两点透视或三点透视的原理进行绘制。但由于做法较烦琐，在园林设计表现中用得很少。

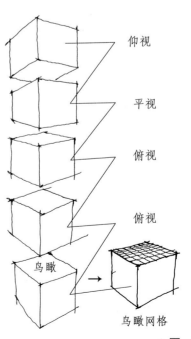

❖ 图　5-1-3

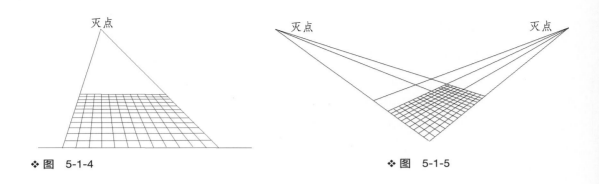

❖ 图　5-1-4　　　　　　　　　　　　　　　　　❖ 图　5-1-5

### 5.1.2　一点透视鸟瞰图网格法的绘图举例

已知园景的平面、立面、观察者的视高、视点和画面的具体位置，求作该园景的一点透视鸟瞰图，如图 5-1-6 所示。

作图步骤如下所述。

第一步：根据园景的平面布局情况，首先确定平面中单位网格尺寸的大小，在该园景的平面图上绘制出网格，并且进行具体的编号。一般情况下，网格的横坐标用阿拉伯数字标出，网格的纵坐标用英文字母标出，如图 5-1-7 和图 5-1-8 所示。

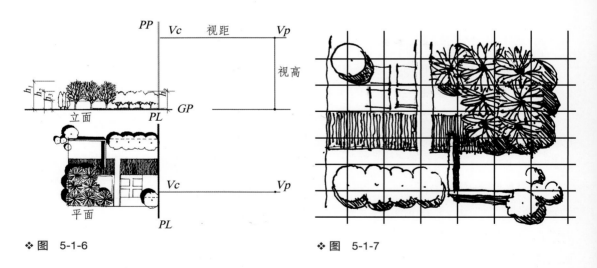

❖ 图　5-1-6　　　　　　　　　　　　　　　　　❖ 图　5-1-7

第二步：定出视平线 *HL*、基线 *GL* 和心点 *Vc* 的位置。在视平线 *HL* 上的心点 *Vc* 一侧按视距量得距点，按照绘制一点透视网格的方法，把平面图上的网格绘制成一点透视图。利用真高线确定各设计要素的透视高度，根据园林中各设计要素在平面网格上标号的位置及范围，按照透视的规律，将其定位到透视网格中相应的位置上，如图 5-1-8 所示。

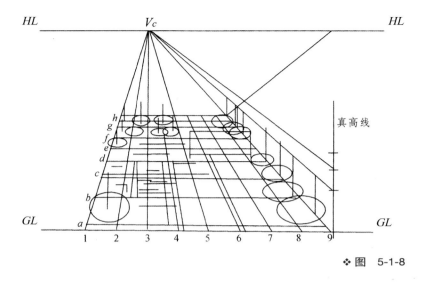

❖图 5-1-8

第三步：借助网格透视线分别做出设计要素的透视，然后擦去被挡住的部分和网格线，完成该园景的一点透视鸟瞰图。图 5-1-9 所示为完成的鸟瞰图。

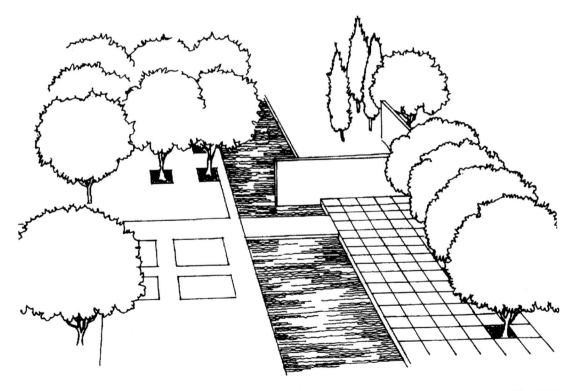

❖图 5-1-9

### 5.1.3 两点透视鸟瞰图网格法的绘图步骤

第一步：根据园景平面图的复杂程度，确定网格的大小，并给纵横两组网格进行编号，如图 5-1-10 所示。

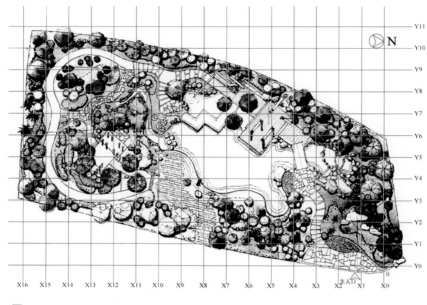

❖ 图　5-1-10

第二步：根据屏幕网格图确定灭点、基线、视平线，自景区两角向画面作垂线，确定画面的位置，在平面图上取主要面与画面夹角为 30°。确定视高，画鸟瞰图时，视高通常是最大高度的 3~5 倍，如图 5-1-11 所示。

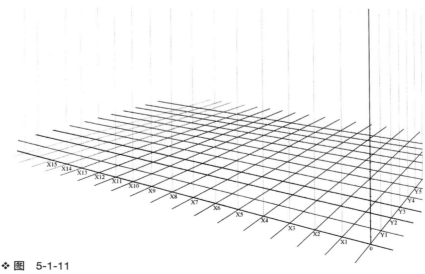

❖ 图　5-1-11

第三步：绘制网格透视图，可放大若干倍，利用坐标的编号决定平面图中各景观要素的位置和范围，按照透视规律定位到透视网格的相应位置上。利用集中真高线，借助网格透视线分别做出各个设计要素的透视高，如图 5-1-12 所示。

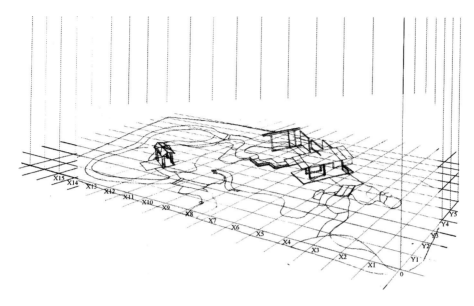

❖ 图 5-1-12

第四步：运用具体的表现技法，在图面上将各景观要素进行详细绘制，合理安排植物、装饰小品等作为背景烘托主要景观的元素来丰富画面。配景能活跃画面的气氛，又体现了空间尺度关系，当然也要符合透视原理，分布要自然，与周围环境相称。擦去被挡住的部分和网格线（图 5-1-13），完成鸟瞰图。

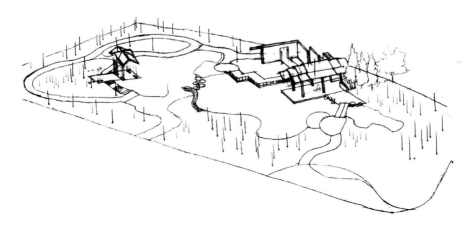

❖ 图 5-1-13

第五步：着色阶段。根据具体的方案确定画面整体的颜色基调，例如，植物的季节景观，想表达春天万物复苏春意盎然的感觉，或者秋天叶色金黄硕果累累的感觉，所选择的色调是不同的。物体不同的色调又会相互之间产生色瘀，这样使整个画面营造出一种特殊的意境美。

先用冷灰色或暖灰色的马克笔将图中基本的明暗调子画出来。在运笔过程中，用笔的遍数不宜过多，在第一遍颜色干透后，再进行第二遍上色，而且要准确、快速，否则色彩会渗出变得混浊，而没有了马克笔透明和干净的特点（图 5-1-14 和图 5-1-15）。

❖ 图　5-1-14

❖ 图　5-1-15

# 5.2 实例赏析

【学习目标】

1. 能评判和欣赏鸟瞰图。

2. 通过欣赏和分析他人作品，提升自己的构思与表现水平。

图 5-2-1 为某居住区组团绿地俯视鸟瞰图。其布局合理，透视关系准确，各元素之间的关系处理得当，使画面有主有次。植物色彩明亮、鲜艳，与建筑物形成鲜明的对比。

❖ 图 5-2-1

图 5-2-2 为水景园的设计。色彩丰富的植物在水面的衬托下使整个画面显得活泼、生动、富有情趣，是一个休憩、度假的最佳场所。明暗对比强烈，建筑物虚处理起到衬托作用。图 5-2-3 中彩色铅笔着色从最浅的色彩开始，逐渐增加较深的颜色。使用光滑的纸张，以获得鲜明逼真的效果。

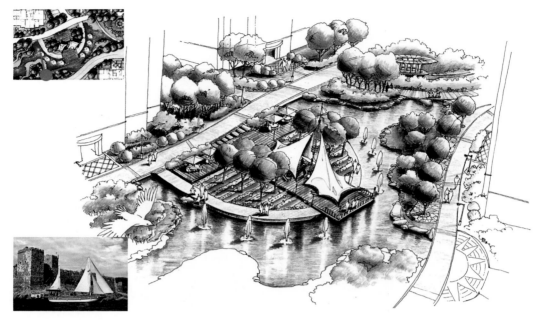

❖ 图 5-2-2

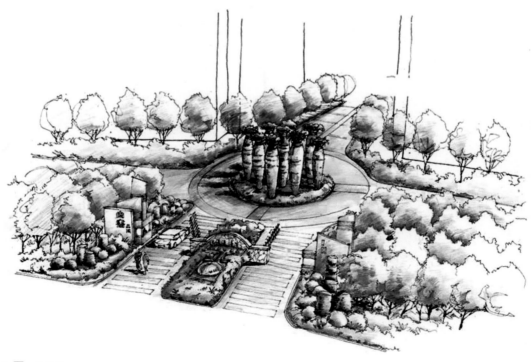

❖ 图 5-2-3

图 5-2-4 为某居住区内组团绿地鸟瞰图，采用平视两点透视法绘制，透视感较强，中心广场配以弧形列植树引导视线，两旁植物起到衬托的作用，主景和配景的色彩明暗对比关系分明，使得画面更加丰富，让人心情愉悦。

❖ 图　5-2-4

图 5-2-5 为某广场鸟瞰图，采用两点透视的方法，色彩选用对比色，强化前面的景观，远处植物做概念化处理。用马克笔表现时，笔触大多以排线为主，所以有规律地组织线条的方向和疏密有利于形成统一的画面风格。灵活使用了排笔、点笔、跳笔、晕化、留白等方法。

其他鸟瞰图绘制实例见图 5-2-6 ~ 图 5-2-11。

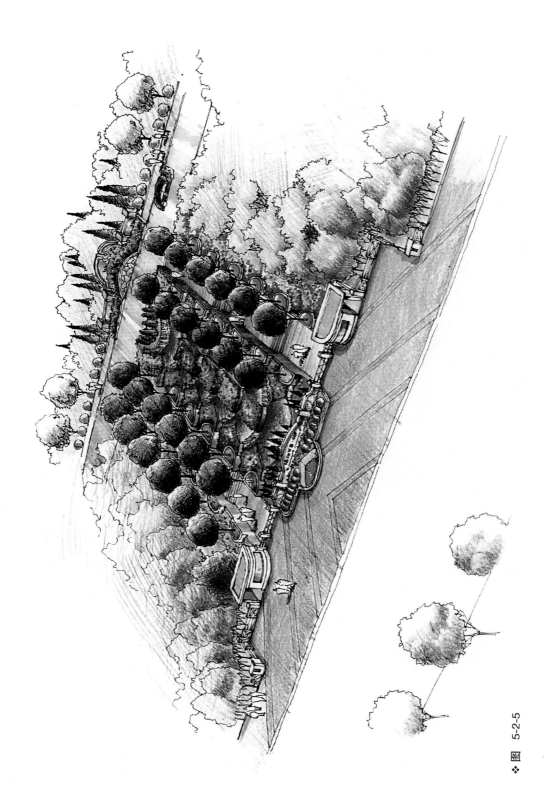

图 5-2-5

❖ 图 5-2-6

❖ 图 5-2-7

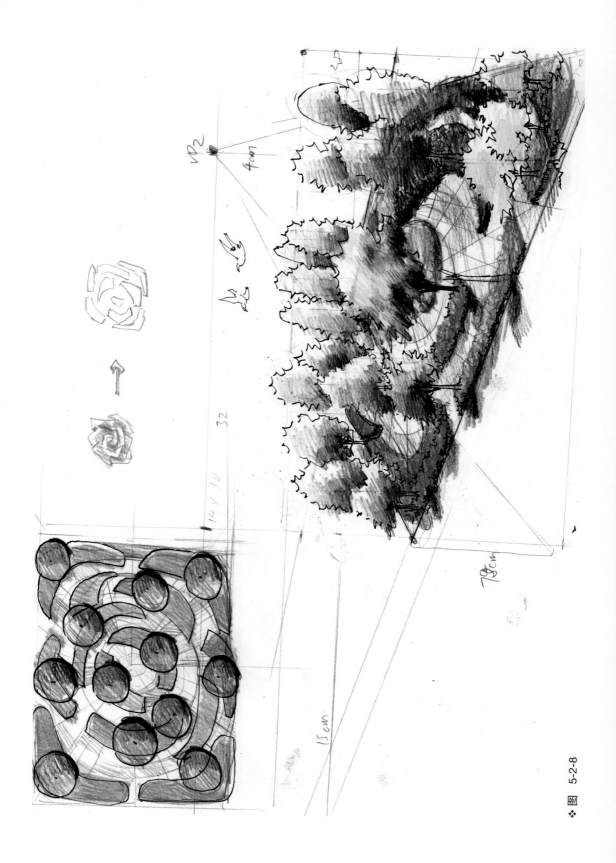

图 5-2-8

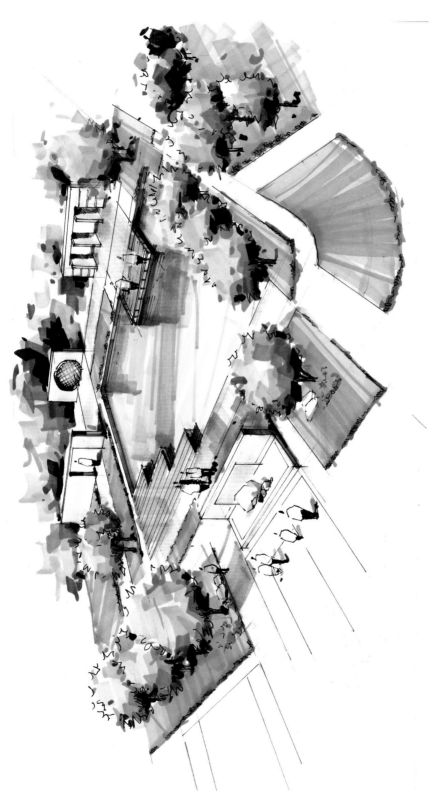

❖ 图 5-2-9

❖ 图　5-2-10

❖ 图　5-2-11

# 参 考 文 献

[1] 马克辛 . 诠释手绘设计表现 [M]. 北京 : 中国建筑工业出版社，2006.

[2] 毛文正，郭庆红 . 景观设计手绘表现图解 [M]. 福州 : 福建科学技术出版社，2007.

[3] 石宏义 . 园林设计初步 [M]. 北京 : 中国林业出版社，2006.

[4] 王晓俊 . 风景园林设计 [M]. 南京 : 江苏科学技术出版社，2001.

[5] 谢尘 . 建筑场景快速表现 [M]. 武汉 : 湖北美术出版社，2007.

[6] 赵国斌 . 手绘效果图表现技法 • 景观设计 [M]. 福州 : 福建美术出版社，2006.

[7] 赵航 . 景观 • 建筑手绘效果图表现技法 [M]. 北京 : 中国青年出版社，2006.